Zero
&
Infinity

自由自在

第一幸福

許文強

2018.4.

Zero
&
Infinity

許文龍360度人生哲學

零與無限大

Zero
&
Infinity

許文龍 口述
林佳龍 編著

我是保管小提琴的人，也是愛拉小提琴的人。（奇美提供）

Contents

目錄

第三部

理想國

第四部 永恆的藝術

序

價值觀，是我一生做事的原動力

許文龍

大家都知道，我從小家境不好，讀書期間就已經在半工半讀。而且我也不怎麼愛念學校的書，從小考試常不及格，所以就讀成大附工那兩年，我很認分地學了一手技術的功夫。做一個快樂的工人，穿一條工作褲，口袋裡放一本歌德的詩集，是我少年時代最大的理想。

二十二歲高工畢業後，我一直很努力的工作。我很了解自己的個性，創意、自製是我喜歡的事情。我從來沒有想要在政府或公司做固定的工作，自行創業是我小時候的目標，所以，我很早便創了業。

一開始，我曾經想要自己生產提琴、鋼琴，還到圖書館查了許多相關資料，認為有生產的可能性。後來，因為發現了塑膠這項新的材料，才轉而走向塑膠加工，成立塑膠加工廠，事業就是這樣做起來的。

我這一生，不賭不酒，平常時間不是看書、聽跟玩音樂，就是釣魚，偶爾也畫畫或雕刻。事業做起來以後，便開始買琴、買藝術品，成立醫院跟藝術博物館。

對我來說，這些藝術品是人類文化的共同資產，不可私有。有錢只是買一部分權利，有義務妥善保存，傳給後世的人。曾經有位日本人擁有一幅梵谷的畫，他立下遺囑說，有一天他死了，這幅畫要跟著他陪葬。我認為這是不對的，如果每個時代的收藏家都是這樣，文化古物要如何留到後代子孫？難道要後代子孫只能從書本看到這些人類文明最優雅的藝術品，而實體已經消失或損壞殆盡？

收藏者有義務妥善保存人類文化的資產，這個理念要很重視。

我就是這樣看我自己的——我是一個保管小提琴的人。二十幾年來，我收藏了上千把名琴，現在奇美提琴的收藏，已經被譽為世界第一。因為好琴、好弓的價格不菲，不是一般家庭可以負擔的，所以這些名琴除了偶爾我自己可以拉奏，我一直都免費借給需要的學生、演奏家。家境不好的學生，爸爸媽媽不需要再賣房子買琴了，只要提出申請，就可以長期借琴，直到會賺錢時，再把琴還給基金會就好。

這就是要讓後世子孫不要只能在書上看到。這些琴都在台灣，就在桌上，不需要再幻想她的音色了，只要有能力拉奏，她歷史的聲音都將重現現場！

我現在九十幾歲了，早已經從事業的第一線退休。每天還是釣魚、讀書、拉琴這三樣，睡前就是畫一些素描，音樂放下去，生活還是很簡單、很快樂。這麼多年來，事業只是我人生三百六十度中的九十度而已，另外九十度是釣魚、與大自然相處，九十度是藝術，我對社會與環境的關懷，這也是九十度。

這本《零與無限大》，是佳龍、和很多年輕朋友，與我花了許多時間對談後，再很用心地去研究所寫成的。我一生做事、經營事業，也不敢說我的作法都是對的，但「價值觀」是我一生做事的原動力。若說我喜愛的價值、我一生的經驗能對大家、對社會有些什麼幫助，可以給後代的人一個好的參考，那就請你們看看這本書吧。

導讀

你追求的，是什麼樣的生活？

林佳龍

偉大人物，是活在當下的。

政治學理論裡，有一個很神祕的名詞，叫做charisma，中文勉強譯成「領袖氣質」，形容一個人身上具備一種渾然天成的領袖魅力。這種魅力你捉摸不到，無法測量，也抄襲不來，但是它卻能產生磁吸般的力量，讓人想要親近它、聆聽它、追隨它，簡直為它著迷無比！

我第一次見到許文龍時，就是想到了這個字。

聲音的相遇：從十二捲錄音帶談起

人生的緣分真是奇妙。許文龍是我妻子婉如的舅公兼姑丈，我與婉如還在美國念書時，家裡從台灣寄來許文龍對奇美內部員工演講的十二捲卡帶給她聽。當時，我原本只是讀書之餘，跟著她隨興聽聽。沒想到，聽著聽著，卻益發覺得趣味盎然。他談的，竟然是我多年感興趣和研究的內容。雖然錄音帶的主題，是企業經營之道，但許文龍在裡頭所闡述的，居然是數百年的台灣命運！

錄音帶裡，許文龍開宗明義是這麼說的：「要了解奇美，要先了解奇美的歷史；要了解奇美的歷史，就要先了解台灣的歷史。」他侃侃而談台灣的歷史，從荷蘭、西班牙、葡萄牙、明鄭、清朝、日本、兩蔣，一直評價到李登輝時代。他有異常豐富的歷史知識，也緊扣著台灣社會和經濟的發展在談，信手拈來，都是故事，都是歷史。他的台語非常優美，用字遣詞又有強烈的魅力，你一聽他的錄音帶就沒辦法停止，那完全是另一種史觀，洋洋灑灑就是一部另類史觀的口述歷史寶典。

讀比較政治學的我聽起來，覺得他所口述的正是一種人民史觀——從人民的觀點，一以貫之地評價每個朝代的政權，完全擺脫成王敗寇那種由勝者為敗者寫史的中國史家傳統史觀。我一口氣把那十二捲錄音帶全部聽完，結結實實多修了十二堂台灣史的課。

雖然聽完十二捲錄音帶以後，我還是不清楚許文龍是誰？奇美是家什麼樣的企業？卻因此從不同面向而更了解台灣的歷史。

這十二捲錄音帶，就是我與許文龍的第一次「相遇」。從那時候起，我對這位講台語的神祕老先生已經好奇得不得了。

豐富我一生的那兩年

一九九八年完成耶魯學業後，我轉赴東京的聯合國大學高等研究所進行博士後研究，一年後返國任教，在嘉義中正大學教政治學。那兩年我就住在婉如的台南娘家通勤上班，也幾乎每週都去找老先生，天南地北的聊。

我是個好奇心很強的人，他也很喜歡跟我對談，因此那兩年我們有時一週可以談好幾次，從歷史，到釣魚，到小提琴，到奇美文化，到政府改造。他可以跟你談天文地理，也可以跟你談價值觀。跟他對談，完全沒有壓力，甚至還會讓你覺得很自在也很有尊嚴。即使不同意你，他也不會給你有壓迫感或權威感。例如，他就經常提醒我，學者研究太多，有時反而容易頭腦僵化，還是設法落實在實務上會比較重要的，因為理想若存在空中樓閣，再美好都沒有用！用他的話來說，就是「現場主義」。

他的朋友也很有趣，有奇美同事，有釣友，有歷史學家，有賣保險的，有在學校當老師的。他的家庭樂團也真是像一個雜牌軍，就是一群喜歡玩音樂的夥伴。我很幸運，有機會跟他頻繁互動，多方觀察他。每次跟他聊天，就像拿到藏寶圖一樣，總是有所斬獲，也像走在沙漠中口渴的人，得到水分滋養。

這是我近距離接觸他兩年，很真實的感受到他的自成一家，渾然天成。幾十年來都還住在傳統菜市場旁的他，物質欲望接近零，豐沛的是智慧與洞見，總能提出讓我們覺得很有道理卻從未想過的觀念。最讓我發自內心敬重的，是他非常一致，在想法跟作法之間，言行一致，是位真正的人格者。我一生認識也共事過很多權力浪頂的風雲人物，這是藏不住的。

這部回憶錄，前後進行了十二年

那是我一生最快樂的時光，也因此激發了我想要替他完成一部回憶錄的想法。從那時候算起，這部回憶錄前後共進行了十二年，經歷了無數次的訪談與記錄，終於能趕在奇美創辦五十週年時完成初版。並在他九十大壽之際，完成修訂版。

這十二年來，我和共同參與訪談的夥伴們，看到了許文龍真情流露以及很多不為人知的一面。比方說，外界普遍以為，許文龍是安靜、話語不多的老人，其實這句話只對了一半。許文龍是喜歡安靜，這是因為他喜歡思考，安靜才可以專注於思考，但是，若你的話題能引起他的興趣，你會馬上發現他非常健談，聰明得不得了。我一生見過也讀過很多聰明的人，我必須很誠實的說，他是我見過最有智慧的人，而且他的觀察力敏銳到驚人的程度。

他重視的是人。洞察人性，有人本思想、人文興趣、人道關懷，更重視人才，也很會看人和用人。他深知領導者要能創造環境又充分授權，平等對待又消滅管理……，他既能清明地洞徹人性弱點，對人的信任又能做到令人難以置信的地步！我覺得，這是他成功之謎的最大關鍵。

他是個human being，being，存在。他在每個時空下都很享受存在的當下，怡然自得，自由自在。相對於他，像我這種讀書人常是「不太有存在感」的，因為我們的世界觀是依賴理論和知識建構起來的，分析性常強過感知性。但許文龍不同，他是從內心去感受，用經驗去體認這個世界的。當時我的朋友大都是學術中人，他的朋友則是三教九流；我的知識是「讀來的」，他的智慧是「體驗來的」。好友錦桂就有一個很敏銳的觀察，她說她觀察到許文龍跟我講話的神情常帶著調皮，像是在說，「我就偏偏這樣說，看你要怎麼回？」非常享受觀念交鋒、思想辯證的快樂。

他對自由的愛好與徹底實踐，會讓你嚇一跳！在許文龍的思想體系裡，有極富趣味的兩端，一個是「歸零」，一個是「無限大」。無限大用他的話來說，就是數學符號「躺下來的8」，而貫穿零與無限大之間的，就是他的自由、彈性、和極限思考；他投資事業的膽識、對人尊重的程度、對藝術文化的見解，都與他愛自由的稟性有關。只要所處的環境能讓人自由的發揮自我，有能力者又能照顧無能力者、照顧弱勢者，國家的規模是小而美、甚或像現在一樣小而弱，又有什麼關係？

所以許文龍不喜歡管人，也不喜歡被人管。捫心自問，許文龍還真是說出了我們心裡的話。人畢生披星戴月，追求的不就是這樣的生活嗎？

許文龍把賺來的錢幾乎都投入藝術文化，例如蓋博物館，以及世界無人出其右的提琴收藏，就是因為他洞悉文化才是一個民族真正的驕傲跟尊嚴所在，才是我們在國際上可以抬頭挺胸的依靠。其他，都是虛的。物質、名與利、錢與權，看似無盡繁華，其實都是過眼雲煙。他做的是更崇高的百年大業，是台灣人跟人類文明接觸、對話、反芻後的生命領悟。

他完全是這塊土地上土生土長出來的。他流著漢人的血、從小在運河邊的貧民窟成長、接受日本明治維新全人教育的啟蒙、歷經三個朝代的政權遞嬗，精神上卻完全自由主義！他不太會說英文，思想卻與西方文明不謀而合。

邁入中年，更能體會360度的人生智慧

對我而言，他不僅是人師，更完全顛覆了中國士大夫觀念中對商人的看法，我自己心悅誠服的成為許文龍學校的門徒，希望將「許文龍學」發揚光大。

要說這是本「許文龍學」，是有點太學究，但是從他身上，確實可以學到無窮的人生智慧，或至少可以作為一面鏡子。許文龍經營企業的能耐與人生風景的豐富，無須我多說。每位讀者隨著生命歷練的不同與歲月的成長，無論是為小孩盡心盡力的媽媽、感到異化的勞工、力爭上游的中級主管、終日奔忙的大老闆、或是像我一樣，只是年歲到了中年的人，都可以從許

文龍的思想裡讀到不同的東西，各有各的領受。

十二年來，和他對話超過百次，我當然有很多自己對他的詮釋，但是，我們最後決定把這些詮釋全部放下。因為最原汁原味的許文龍，才是最精采、最豐富、最真實，也是最魅力無法擋的，再生花妙筆的詮釋、分析，都比不上聽他的一席話。

這部修訂版的《零與無限大：許文龍360度人生哲學》中所努力的，正是把許文龍最真實的一面呈現在大家眼前。打從本書初版於二〇〇九年出版至今，獲得許多讀者的熱烈回響。我自己邁入中年，更是越來越能體會許文龍的智慧。

這幾年來，每當面對人生重大決定時，許文龍曾經告訴我的一些人生道理，就會閃過我腦海——我若是他，在這個當下會做什麼決定？受到他的啟蒙，我也漸漸懂得把成與敗、得與失的包袱放下。人世間觀念動人的講法俯拾皆是，各領域成功的人也很多，但我們若探頭細看，有些人的成功之路，是我們不想學習的，而多數人成功後所過的生活，是我們不想過的。對我而言，許文龍所引領的，則是一條令人喜愛的成功之路。

奇美博物館——把名畫搬到台灣，讓名琴響遍世界

這本修訂版中，我們做了較大幅度的改寫。首先，我們希望讓讀者能藉由這本書，輕鬆走進許文龍三百六十度的人生觀，看他如何悠遊於釣魚、工作、關心國事與藝術之間。其次，由於本書初版問世時，奇美博物館新館尚未落成，這幾年來我們陸續收到許多讀者回響，希望更了解許文龍創辦的博物館理念，因此在這部新版中，我們增加了當時撰寫舊版時未收錄的訪談。

例如這幾年來，我最常被問到的問題之一是：為什麼奇美收藏的是西方藝術品，而不是台灣本土的作品？因為，這正是許文龍成立奇美博物館的初心：他從小家境貧困，多虧了下課後到附近一間日本人設立的免費博物館，才讓幼小的他，有機會接觸到西方藝術，也讓他夢想著日後有能力，要替更多像他一樣的窮苦人家開設一間好博物館。

他認為，台灣一般窮苦人家與中產階級要在生活周遭，接觸到東方藝術並不太難，但通常沒有足夠經濟能力，常常飛到不同國家去拓展視野、接觸西方藝術，因此，他想把西方的藝術作品「搬到台灣來」，讓更多經濟條件不足的家庭，也能接觸與親近西方古典文化。

另外還有很多人問我，一般博物館的日常管理、策展都需要經費，因此很多知名博物館都是收費的，為什麼台南人參觀奇美博物館可以免費呢？同樣的，這也與他一路走來的初衷有關。他希望，台南人把奇美博物館當家，常常「回家」來看看。既然是家，回家怎麼會收錢呢？因此他決定讓台南人可以免費參觀，希望門票不會成為台南人來博物館的門檻，歡迎台南鄉親們有空就來吹吹冷氣、感受一下藝術的氛圍。

對於他這一點，我深深佩服。因為我發現，真的有很多過去一輩子從未踏進博物館的民眾，因為奇美博物館的誕生，而有了他們生平第一次的博物館初體驗。我聽婉如說，她有次去一間台南大賣場，賣茶葉的阿姨很興奮地緊握著她的手說：「我去過博物館三次，旁邊那位正在上架啤酒的，還有那位在促銷牛奶的，我們一起去的，真好真好。」我想，這就是奇美博物館存在的目的，帶給每個生命一些溫度、美感與幸福感。

此外，他提出「免費出借」小提琴的思維也是一樣。大家都知道，奇美的名琴收藏是世界知名的，但許文龍打從一開始就主張，這些琴絕不歸奇美、更不屬他個人擁有。因此，他總是慷慨借琴給來自世界各地的音樂家，而且是免費出借。因為他總是想到，許多音樂天才不一定出身在富有家庭，他不希望一般財力的家長為了培養孩子學音樂而傾家蕩產，更不希望有音樂天賦的孩子因為家境不佳而被埋沒。最重要的是，在他心目中，名琴不應被收藏在保險櫃裡，而是應該讓名琴美妙的聲音，被這個世界聽見。

這也就是為什麼，當有朋友問他：「有人說你是創業家，也有人稱你為慈善家，你怎麼看自己呢？」他告訴朋友：「我是一個保管小提琴的人。」

感謝眾多朋友的參與和協助

最後，我要衷心感謝在這本書初版與再版的催生過程中，許多前輩與朋友的智慧與付出。我和協助初版的錦桂都是念社會科學的人，抱著歷史研究的方法論，一頭撞進了許文龍橫跨八十年、奇美五十年、又是三百六十度的生命史，若沒有這些先進在不同專業領域上的解說、年代上的反覆考證，著實無法完成本書。他們是奇美集團的廖錦祥先生、何昭陽先生、林榮俊先生、卓侃男先生、林慶盛先生、郭玲玲女士、石麗蘭女士、楊明盛先生，與鍾岱廷先生；楊再禮先生的回憶手稿，更豐富了我們對於奇美早期篳路藍縷的精神與制度沿革的想像。

為了確認奇美企業理念的獨特性，以及在台灣產業發展史的地位，幾位經濟學與管理學大師的指引，更使我們獲益匪淺，他們是陳博志、柯承恩、魏啟林、林能白、李吉仁與龔明鑫等教授學者。他們精采的立論因篇幅所限無法同時呈現，是本書一大憾事。

此外，本書今天能留下難能可貴的口述資料，與那十二年來在不同階段中熱情參與華山論劍的台灣智庫好友有極大的關係，他們是莊國榮、廖錦桂、潘美玲、翁仕杰、黃崇憲、李連權、汪庭安與曾建元，我們火力全開、沒大沒小，許文龍也兵來將擋、知無不言；中場休息時間，許文龍還會演奏各式樂器，把我們統統給比了下去，卻是我們共度的歡樂時光！而謝敏芳、蕭伶玲、江盈誼、李良文、李兆立在資料蒐集上的協助，提供我們年輕人的觀點與刺激，更是功不可沒，特別是敏芳，除了協助龐大資料的判讀、和撰寫部分初稿、更和國榮在百忙之中抽空協助改寫再版，實在是非常感謝。

過程中還有很多朋友或參與討論，或協助日文翻譯，或充當加油隊，因為篇幅緣故無法一一致謝，不過，這本書是獻給台灣人民的。當然若有任何誤植之處，責任完全是我的。

我們也要特別感謝早安財經的編輯夥伴們，以無比的耐心與創意把書編到盡善盡美。當初在幾家極其出色的出版社比稿中，我們最後決定了小而美的早安財經，就是因為許文龍在選擇代理商時，有一個「沒錢的人比較有衝勁」的見解。我們依循許文龍的理念選擇出版社，不但幸運結交到志同道合的好夥伴，也再次證實了許文龍的眼光果然有獨到之處！

第一部

釣魚哲學

要接受自然的偉大，人真的要謙卑。人是受到自然支配的一部分，不要有「我是整個世界」這種驕傲的想法。在自然裡，思考會很超脫，層次也會比較高，不然每天就會停留在繁瑣小事，無法脫身。很多事退一步來看，就會覺得沒有爭執的必要了。

賺錢到最後是要怎麼樣呢？要把它換成快樂。錢若要換成快樂，就要去買藝術品。（奇美提供）

1 五十五歲以前，我算是個病人

我從十七、八歲開始創業，沒有資本、沒有高學歷、沒有靠山、周圍也沒有任何資源，然後身體又不好。

但正是這別人看不見的一切，形成了我的人生觀。出身窮困，身體不好，反而對我是很好的磨練。

我這一生比較健康，也只有最近這二十幾年，差不多從五十五歲開始。在這之前，以一般標準來說，我都算是個病人。小時候在學校，老師若要找人示範營養不良，就會找我。

母親生我的時候是一九二八年，隔年一九二九年全世界經濟開始大蕭條，很多人都沒有飯吃。六歲的時候，父親失去頭路。而我母親懷孕時因為「病子」（害喜）很嚴重，東西都吃不下，所以我在肚子裡沒東西吃，可以說是先天不良；出生後，由於家庭貧困，所以又是後天失調。我家裡的環境是直到我開始創業以後，才可以不用煩惱吃飯睡覺的問題。

我的人生、事業，可以說是從孩提時代這樣累積起來的，所以我現在很樂觀。像你們，原本身體就很好，就不會認為現在的自己很好命，可是我小時候瘦巴巴的，而瘦的、身體不好的小孩就是容易感冒，抵抗力差就會「生疔仔」（疔瘡），是會死人的。從好的方面來想，經過了這樣卻沒死，我體內抗體現在可能比別人都多。

我的事業是從十七、八歲開始，但我就像是個持續工作的病人。因為十八、九歲時——差不多是戰後一九四五、一九四六年左右——我得了肺病第二期。一般來說，第二期肺病在當時是無藥可救的。那時肺病特效藥剛問世沒多久，可是台灣買不到，是從香港走私進來的，我母親就四處籌錢來買。有一陣子要靠醫院打針，大約兩到四小時就要注射一次，因此就得去住在醫院旁邊，才能定時注射。就在我肺病正要惡化的時候，鏈黴素上市了，才控制住病情。

可是，病毒有抗藥性，所以只能康復到一個程度，無法完全復元，始終維持著第一期的病情。後來真正完全治好是靠物理治療，日本人發明的，就是靠壓迫肺部下方的膜才好的。

肺病還有一個很麻煩的地方，就是罹患肺病的人很容易感冒。普通人感冒三兩天就會好，但是肺病患者感冒要拖上兩個禮拜。好不容易痊癒之後，差不多過兩個禮拜，就會再感冒。所以就會覺得，好像我一輩子都在感冒。

這毛病差不多從我二十一、二歲，一直拖到二十七、八歲，才開始想說，可以結婚了。在我們那個時代，普遍都是二十四、五歲就娶妻生子，我算是慢的了。

然後差不多在四十歲到五十五歲中間，我變成胃病很嚴重，瘦到只剩一支骨。那時候瘦到剩下四十三公斤，指甲整個翻黑，飯都吃不下。現在回想起來，雖然健康狀態不好，還可以做這些事情，我自己認為真是奇蹟。

我是到了六十歲，才真的相信自己已經不會這麼容易死了。所以那年我去爬玉山，感覺身體比年輕時還好。

當了大半輩子的病人，我體悟到：沒有人一出生就可以明確的知道，自己是什麼、自己想要做什麼，連佛陀也不例外。佛陀原本也是一個很平凡的人，後來經歷一些痛苦的經驗，想得到的東西得不到，最後才明白，原來事情就是如此。

2 大多數早晨，我都在海裡，如果天氣不好，我就在溪裡

像我事業做到這樣，還這麼愛親近自然的是少之又少。我總覺得，那些看到大自然卻不會感動的人，是不幸的人。

美國人去釣魚就是一種度假，休一整個禮拜。所以美國人會問我說：「你一年釣幾次魚？」日本人則是問我說：「你一個月釣幾次魚？」台南我周邊的朋友是問我說：「啊你一禮拜是釣幾天魚？」

實際上，我一個禮拜差不多有五天半是在釣魚。大多數早晨，我都在海裡，如果天氣不

好，我就在溪裡。

我很喜歡破曉時分四下無人的大自然，這是一個極美的時刻，自然的天空，海面光跟影的變化，真的是美。一早，天還沒亮，船就這樣開出去。太陽要探頭出來的時候，海面天光的顏色就會開始改變，是那樣變化萬千。

若去溪釣，就會看見山的高、山的美，還有清澈的溪流。

人到了大自然裡，處理事情時心境就會不一樣。你會覺得，自己平常在忙碌的，都是非常渺小的事情。但你若每天待在辦公室，就會覺得自己就是全世界。

為了這釣魚的種種樂趣，我喜歡常往海上跑。釣魚的時候，海面上是我們和魚的對話。把餌放下去，魚要吃我們的餌，就會有反應，我們要拉牠，牠不讓我們拉。你若說「隨便釣釣，魚自己也會上鉤」，那釣魚就一點趣味都沒有了。

說起來，釣魚的學問，比在學校寫論文還要深。會釣和不會釣的人，差別就很大。

魚是很賊的，牠第一次被你騙，第二次就不會上當了。所以一開始魚鉤可以比較大支，可是第二回若沒有換小支一點的，牠會知道！魚是很聰明的，會變成我們和魚在鬥智。所以你看，有人很會釣魚，有的人卻「憨慢」釣魚。

魚線也有差。魚有時候會餓，例如為了繁衍後代，牠需要補充營養，這時候就很好釣，魚線就要換粗一點的。有時候魚愛吃不吃的，那時候線就要換細的，而且要很敏感，因為牠會過來聞一下，就溜，或是用尾巴碰一下，就跑，像在跟你玩。你若去觀察牠，魚真的把戲很多，到最後魚線就要用更細的。可是線太細又容易斷，這時候就要看如何做最好。趣味的是，魚遠遠看到這裡有四五尾聚在一起，心裡想說：「一定是有好康的！」就會一直靠過來。

釣魚也分很多種類，海釣、溪釣，還有在池子裡釣，都不相同。我是都愛，不過要看季節。像溪釣，真的好有趣味，因為山上的風景本來就很美，你溪釣的時候，紅色的餌在那邊漂呀漂的，風在吹，還有鳥跟昆蟲大合唱，很美。溪流的魚都不會很大尾，但是炸起來都很好吃。

還有池釣，你可能以為比較簡單，其實不然。池越深，池水會因為天氣的變化，讓魚變得很敏感。人是三餐餓了就要吃，但魚沒有辦法保持恆溫，若是天氣降兩度，牠身上的功能就會停掉，停掉之後，牠肚子就不會餓了。除非牠剛好需要吃，例如牠現在要生蛋，才需要吃；不是為了自己要吃，是為了這些蛋要吃。這裡面有季節種種因素，還有很多學問。

像吳郭魚，是戰後才引進台灣的。這種魚原產地是非洲，在那個環境中競爭非常激烈，適應力很強；但是我們這裡的土虱啦、鯉魚啦，或是泥鰍，環境競爭沒那麼厲害，所以適應力都比較差。所以你看，非洲的吳郭魚引進台灣以後，所有的水池都被牠占據了，生蛋、保護蛋，智慧都比較高，牠若要做巢，還會自己去挖一個洞呢！普通的魚會進不太會退，但我看過有人拿魚槍要去打吳郭魚的時候，牠還會倒退嚕。所以你若仔細觀察，現在台灣只要有水池的地方，就有吳郭魚。生物在面對環境的競爭淘汰中，適應力是非常快的。

不過，大家可能會以為我那麼愛釣魚，一定釣很多。有人就問我：「釣魚有什麼撇步？」我會說：「當然沒有。」我愛吃魚，但不會釣很多魚。我釣魚的目的並不在魚，所以我也不會全副精神在那邊想要釣多少。我是喜歡那樣的環境，還有那個釣魚的過程而已。

3 接受自然的偉大，人真的要謙卑

很多人問我，為什麼喜歡釣魚的過程？

我想，這也是我的本性。從小我就喜歡自然，海啊、山啊，魅力可以讓我放棄一切。釣魚要去野外，可以接觸到自然，自然很美；魚在拉線的時候，感覺也很好，所以就什麼都好。

我覺得自然的偉大、奧妙和美麗，力量很大，當我人生的價值是放在大自然時，看到人為的事物，就不會覺得做個總統或什麼大官，會有多偉大。

比如說吧，我們人類就沒本事設計出一種機器，把飼料放進去，就讓雞蛋跑出來。就算集全世界的資金與技術，都無法做出一隻雞來！像我們做化工，就只能把石油分解出來的東西，做結構變化而已。所以在大自然裡，人算什麼？總統、部長又算什麼？

早期台灣因為有瘧疾，為了吃掉蚊子的幼蟲，日本人就引進大肚魚，所以日本時代只要有水溝的地方，就有大肚魚。你看這種魚有一顆大肚子，以為牠要生了，可是我們若問牠說：「什麼時候生啊？」我告訴你，平常時牠肚子再大都不會生。但只要一下大雨，所有的大肚魚都生了。

我們人類是懷胎十月，等都不能等的；但是大肚魚準備到一定程度後，牠會停下來，就等下大雨、淹大水，牠才生。只要一淹大水，哇，所有水溝裡都是大肚魚。

這種魚是藉由大水改變的水溫去繁殖後代，但我們人類就無法這樣繁殖。所以，不要瞧不起大肚魚，牠這一點可比我們人類厲害好幾十倍。

這就是說，要接受自然的偉大，人真的要謙卑。人是受到自然支配的一部分，不要有「我是整個世界」這種驕傲的想法。在自然裡，思考會很超脫，層次也會比較高，不然每天就會停留在繁瑣小事，無法脫身。很多事退一步來看，就會覺得沒有爭執的必要了。

若能接受自然的偉大，人就能放輕鬆，即使面對死亡。

4 花會開會香，也會謝會落，這就是無常

到自然裡，可以讓我們的思考很自由。

日本人有一句話說：「花會開會香，也會謝會落。」這就是無常，萬物都有個相對性，所以我鼓勵大家要讀《莊子》。

莊子就是主張一件事情要從相對性、要用另一個角度去看。我們在想：「老鷹你飛得這樣高，若稍不注意，摔下來一定死。」這是我們看老鷹。但老鷹看人是：「人類怎會這樣笨？有車、有水溝，還有電線桿，不是掉進臭水溝，就是被車撞到。」我們跟老鷹說：「你飛得太高很危險！」老鷹會說：「人才笨，我在這裡才自由自在呢！」

這既不是老鷹比較對，也不是我們比較對，只是有一個相對性。

《莊子》整本書都在講這個道理。例如他又說，有一個皇帝，日時做皇帝，夜時就夢到自己做乞丐，乞討很痛苦，所以他很怕睡著。可是呢，民間有一個乞丐，日時乞討得很辛苦，夜裡躺下去就夢見自己在做皇帝，所以他都睡得很高興。還有一棵大樹，大家都在樹下乘涼，有一個人就說：「這棵樹沒什麼用處，不能當材料，只是比較大棵而已。」那棵樹就說：「如果我有用的話，老早就被鋸去當家具了。我就是因為沒有用，才能讓你們乘涼！」

莊子告訴我們，自然到底是什麼。他很重視自然，因為自然是一個經過長久時間形成的、balance（平衡）非常好的東西，而人就是自然環境的一分子。莊子的「無為」，講的就是自然有一個事情的順序，若能順應這個自然運作的原理，你就不需要再多做什麼。

若是你讀完《莊子》能有所領悟，你來看世間的事情，就會很有彈性。你會換不同立場、換不同角度來看同一件事情。

我也常常會這樣，有時候會生氣，不過換一個時間、換一個角度想想，實在說，也不是什麼嚴重的事情。但人就是這樣，會衝動，或者認為就是應該要如何。

所以莊子偉大之處，在於他視花謝花開、浮沉起落這些事物消長都很正常，都只是常態。

莊子對死亡的看法就是這樣。怕死是自然的，但仔細想想，世間哪有不死的事物？沒辦法改變，就歡喜的接受；不管你高興不高興，它總是會來。因此你若尊重自然的話，你也要尊重死亡，這是生物不能違反的道理，它不是要你個體延續，是要你種族繁衍。所以你能生育的這段期間是重要的，其他的只是吃閒飯，對生物來說，是在耗損資源而已。

事業也是一樣，本來就會有消長，有起有落，才會有社會階層流動。所以經營事業沒有永遠成功的，否則錢給你三代都賺光光，那不就太沒道理、太不公平了？

只是，我們嘴上這樣說，但若要把賺錢的方法傳授給別人，一般人都無法接受。但我老實說，你若有我這樣的想法，人生就會很輕鬆。

像我當年經營奇美電子，向銀行借這麼多錢，有上千億，大家都會問說：「你都不煩惱嗎？」我會想：「要煩惱什麼？」

我不曾為了這種事煩惱，我的錢也沒想要留給孩子，萬一公司怎麼樣了，就是換頭家而已。我若做不下去，就換別人來做，我變成小股東也沒關係。

公司名字是可以換的，就看要改成什麼名而已。這也沒差，因為人才還是存在，產品還是存在。對我來說，奇美走到這一天，已經是社會的了，只要我能力不夠、財力不夠，只要方向對、對社會有益，拜託別人來經營都可以。奇美的老闆未必得是許文龍，可以變成姓黃的，也可以變成姓蔡的，這樣經營事業才對得起良心。

若能這樣想，人可以活得很快樂。否則你想，上千億的債務，一輩子賺的錢就這樣了，就會過不下去。

我最大的資產，就是這個觀念。我很自由，不會讓人被事物綁住。

至於面子問題，假如你擔心失敗被人笑，那平常你就不該常常出來炫耀，跟別人說自己如何了不起。斗笠戴著，留一些本錢。你若要炫耀，就會連失敗的本都沒了。

5 事業失敗了有什麼關係，了不起去菜市場賣魚

我敢說，我比任何人都要有韌性。別人眼中那些嚴重的失敗、挫折，在我看來都不算什麼。

我常說，事業失敗了有什麼關係，了不起去菜市場賣魚而已。

我並不怕歸零。經營事業真正要害怕的，是沒把最壞的情況先想清楚。歸零沒什麼，我本來就是貧民窟裡長大的人，就生意上來說，我本來的本錢就很少，所以損失也不到哪裡去。

人就是會這樣，若有好的學歷、好的家庭——比如我兒子——肩上的擔子就會很重。但我沒有任何擔子在身上。讀三流大學的人做守衛，會覺得勉強可以接受，若是台大畢業生可能就覺得很痛苦。我只讀到高中，而且是最後一名畢業，如果能到菜市場賣魚，我就覺得很快樂了。

這就是人生，有一面好的，就有一面壞的。未來大家一定會面對這些問題，遇到了，心情放輕鬆，要放得下，要感謝活在很好的環境，要感謝父母。現在大家看到的亂象，只是媒體太發達，以前也有很多不好的事，只是大家不知道而已。

以感恩的心情過日子，就會覺得很快樂。

6 找答案，不要找責任

影響我一生最大、最讓我感動的書，除了《莊子》，就是Ecology（生態學）這類書了。會感動，通常是因為你平常有在思索這些問題，但有人可以把它講出來，而且講得很清楚、很完整。

我的思想本來就很接近莊子，也受莊子影響很大。在莊子的思想裡，看事情是很簡單的，所以他會笑孔子假仙，是「魯國之巧偽人」，滿口善，卻不知「有惡方有善」。

我差不多二、三十歲時，就讀過有關Ecology的書。因為日本人很喜歡翻譯全世界的作品，我剛好會日文，可以看很多這類書。我讀完Ecology之後，心裡很高興，心想，「喔，這個觀念有夠好！」

Ecology，就是生態，每件事情，都要從整個環境講起。一棵樹只靠自己絕對活不了，樹

奇美博物館只有一個精神：為了大眾
存在。

的上面要有鳥、有昆蟲，還有很多松鼠、猴子等動物跟爬蟲類；樹的下面要有「肚滾仔」（蚯蚓）、細菌、螞蟻，還要有適當的氣候等等。一棵樹，雖然看起來只是一棵樹，可是沒有那些「肚滾仔」也會死，沒有那些鳥也會死。光是一棵樹，裡面就是一個非常豐富的生態系統，沒有這些，它無法自己存活。

所以，Ecology是在講事物與事物之間的關係。若對Ecology有深入了解，你要處理一件事情時，不會單純只針對問題本身。你一定會先去了解產生這個問題的環境是如何，你會從比較宏觀、整體的角度，去看它周遭事情與事情之間的關係。如果公司賠錢，你只是把總經理叫過來罵，這樣是沒用的。我們要先去了解的，是什麼環境造成賠錢的結果。

也就是說，我們應該找答案，不是找責任。

有時發生命案時，大家都在關心誰殺了誰，或是綁票問題。可是，當你具有Ecology的觀念時，你就會去想前因後果與周邊關係。命案只是最後的結果而已，事實上，問題的起因是從某個地方開始的。就像我們看到冰山，我們馬上會去想：「冰山底下有多大塊？」就像我們會問：黑面琵鷺為什麼每年飛來曾文溪口過冬？因為七股潟湖有各種自然條件，非常符合牠的需求。這，就是Ecology的啟示。

你若了解Ecology，處理事情就會很順遂。具備Ecology觀念的人，看事情角度會比較多元，經營事業會比較容易。

7 兩個餌，只釣一條魚就好

一九九九年，《日本經濟新聞》把「亞洲賞」頒給我。那個賞後來也頒給了台積電的張忠謀、交大張俊彥校長，但我是日本以外、亞洲民間最早獲得這項榮譽的人之一。

當時，我受邀到日本演講，記者問我：「許桑，您在沒有任何資源的條件下，ABS如何做到世界第一〔1〕？」

記者這麼問，其實是有原因的。企業要做到世界第一，通常要有先天條件，比如講，有很大的市場，像美國；不然就是原料低廉，例如擁有石油；或是工資便宜。沒有這三項條件，要做到世界最大是很不可能的事。

我們奇美是原料八十％從國外進口、產品七十％銷售外國、工資也沒比別人便宜，卻做到世界第一，所以日本頒那個賞給我。他們問我，生意是怎樣做的，我就說：「我喜歡釣魚，經營，我有我的釣魚哲學。」

這釣魚哲學我只講兩點。第一，以釣鯽魚來說，一粒浮標、一條線、兩支魚鉤、兩個餌，然後你只能釣一條魚。釣鯽魚若是你釣兩條，會被內行人笑。浮標動一下，你就要拉起來，如果動了，沒看到，等到第二次動才拉，那就是「眼睛不好」。

為什麼兩個餌，卻只能釣一條魚？

因為你釣起一條魚時，另一個餌——其實是番薯揉的——就會自然掉落水底，這樣魚才會繼續靠過來。若是你一直兩個魚餌釣兩條，那個地方就會空空的，因為到最後魚也活不下去。

這意思就是，對人要留餘地。在生意上，要留些利益給別人，這樣關係才會繼續下去。

比方說，我可以賺一百塊，可是我願意少賺一點，賺八十，讓你多賺二十。這樣你好、我也好。就是說，要讓人覺得你笨笨的，你才有錢可以賺。舉例來講，明知要漲價了，你要囤貨，我還是照樣賣給你；但若降價了，損失算我的。

我們得利，也要留一些利益給別人，這樣大家的關係才會一直深下去。

〔1〕ABS樹脂，塑膠原料，指丙烯腈、丁二烯、苯乙烯共聚合體。

8 大家都能釣到魚，這是最快樂的結果

我跟日本記者講的第二點就是：要讓大家都能釣到魚。

釣魚，要結伴。譬如我們七、八個人，早上一起歡頭喜面開車去釣魚。去的時候，大家都很快樂，講說我今天要用什麼餌、用什麼方法來釣。可是回程的時候，若只有我釣最多，別人都沒釣到，這時候我就會是最悲慘的。再怎麼講，也沒人理你，反正你最厲害。你很快樂，可是，要向誰去說？

所以，怎樣才能最快樂呢？就是：大家都釣到魚。這時候，整台車就會快樂得像要翻過去一樣！

這個哲學就是說：做企業，你要去想「如何分享利益」。

分享，就是和你周邊的客戶、員工和原料供應商都有關係，因為你是買材料、由員工加工，再賣給客戶的。你和這幾個周邊都能夠利益共享時，這些人自然會繼續跟你在一起。

在全世界，買原料打長達十年契約的，我是頭一個。普通公司都是簽一年，但我是要和你建立十年的關係，在這十年中，我都向你買，所以你可以安心，也不需要salesmen（業務員）。我會把一整年用料的schedule（計畫）都排給你，你就照這個生產就好了。不過價格大家來談，你的成本結構也要讓我知道，因為你也是要向人買原材料，你的利益和我的利益要如何共享，來做一個formula（公式）。在這十年間，大家都很安心。

世間有些事情，是對彼此都有好處的。做生意，就是要找到這條路。

我和客戶的關係也一樣。我若賣得貴、賺得多，客戶就少賺；反之亦然，這原本是一種對立的關係。但是，和我買原料一樣，要怎樣把原本對立的關係轉化為不是對立，這就是祕訣。

你和員工本來也是對立的。但是做事業，你不可能單靠自己一人，一定是一群人。若公司大賺，大家也賺到了，那我進公司時高興，大家也高興。可是若所有股票都是我的，大家只是吃我的頭路，不管公司多賺錢，領的薪水都固定，那他們是不會多歡喜說：「啊！真歡喜公司賺大錢！」這樣我進公司的時候也會很難過，想要找人講話、說公司怎樣怎樣，人家會想說：「這是你的事！」這樣是不會快樂的。

因此，最快樂的情形，就是當我釣很多、別人也釣相當多時，是最快樂的。這就是我的釣魚哲學。做owner的人賺錢，下面的人也能得到利益，大家有一個共生的合理關係。

所以在奇美，我要求一定要讓員工的配股比其他公司多，不是只有技術者，即使最基層的守衛、女工，你也要給他們。理論上你不用給，因為你已經給他們薪水了，但我認為還是要給，因為他們也是夥伴。別把他們當做外人，要高興時一起高興。很多公司高階層的人收入很高，底下的就很低。奇美的制度是：大家都重要，只是重要度差一些些而已。

所以我和員工不是對立，是利益共享，他們知道如果公司賺的錢比較多，自己也會分到；客戶也是，他們知道若我賺得多，我會回饋；我和上游廠商也是如此。大家有一個合理的關係。

對供應商來說更是這樣，我今天叫幾家來談原料，你今年就有生意，但明年不跟你買了，你就超慘，因為我是大客戶，你的產量我占了一半；若我利用這個向你採購的power（權力）要求你降價，降到最後你只好倒閉，關門大吉。

但做生意不是你倒，我就會好。因為別人會害怕，說不要和奇美做生意，那你就慘了。所以，雖然短期間你可以得到利益，但是你得不到長期的利益。

相反的，一旦長期的關係建立起來，你就可以輕鬆，沒什麼好忙了。即使短期內有經驗不足的問題，也都有辦法可以修正。

生意若可以做到「非對立」，這些關係一旦建立，你還有什麼工作好做呢？大家閒閒，抓蝨母相咬而已。

但如果沒做好這件事，你就會每天都很忙碌。

9 事業，是我人生三百六十度裡的九十度而已

我這二、三十年來每週只上一、兩天班，每天都在釣魚，很多人都說一定不可能，是在騙人的。其實，他們若來看我的生活就會發現，這是真的，因為事業只是我人生三百六十度裡的九十度而已。

很多人在學校讀很多書，畢業之後，事業變成生活裡的三百六十度，就沒有時間去吸收別的東西了。

但對我來說，我的事業很重要，更重要的卻是我的休閒時間。如果一個人只是被工作綁住，忙到都沒有閒，一輩子的打拚，就非常沒有價值了。

我本來就很愛休閒，不愛上班。到五十歲時我就想，不然一個禮拜上班一天就好了。後來因為基金會的事情多，就變成一個禮拜上班兩天。而這兩天其實也只是兩個半天，早上不上班，去釣魚，下午才上班，幾十年來就這樣實施。找我一定是禮拜一和禮拜四下午，剩下的，是我自己的時間。當然，若有特別重要的事、生意上的事，你可以到家裡來找我。

這兩個半天，也不是全花在工作，因為我有博物館要忙，買畫買琴什麼的。實在來講，我花在事業上的時間，一禮拜應該不超過五小時。如果超過五小時，我就覺得浪費太多時間了。

我們有個重要的會議，是禮拜一下午，在這個會議上決定集團的重要決策，一個禮拜開一次，差不多就兩個半鐘頭。所以認真來講，過了這兩個半鐘頭，我的工作就結束了。當然若臨時有重要事情，我就叫他們晚上過來。過去奇美有一些重要決策，就是在家裡做的。

我也不愛應酬，什麼同業公會、婚喪喜慶，我都不參加。我們公司從來沒有開幕、破土、動工這類的儀式。

政治的事情，一般我很少談；也有罵政府的朋友來這裡透透氣，不過他們都是像我這種歲數、過去兩蔣時代被壓迫的人。我生意上的朋友，反而很少。

我想，主要也是價值觀。有人會為了拚國策顧問去大費周章，我是認為都無所謂。如果你把價值放在社會地位，當然會去追求，可是當你的價值是放在拉violin、釣魚、唱歌時，你就不會去追求社會地位了。我很討厭台北那種生活，都是不得已的時候才會去的。

那我的私人時間都怎麼利用呢？你看，我一禮拜至少有四、五天是在釣魚。釣魚是很耗時間的，五、六點鐘就要起床。回來之後，游個泳就累得要命，我身體又不是說很好，都睡到下午三、四點。所以客人若要找我，都是四、五點以後。

再來，我很喜歡音樂，一禮拜有兩天是家庭音樂會，他們會來和我一起唱歌、彈琴。禮拜五是晚餐以後他們來，一定是唱到半夜十二點；禮拜天是晚上六點就來，也是演奏到十二點，大家都很快樂。

我也怕小提琴退步，每天都要花一些時間練習。除了小提琴，我曼陀林、吉他、鋼琴也彈一點。然後差不多十年前，我又開始想說這些世界名畫要把它做一些拷貝，所以也畫畫。講到繪畫，我頭一張就畫了半年，臨摹《琴韻少女》，現在放在我客廳。這是十九世紀奧地利的油畫，剛開始的時候，畫了又改、畫了又改，有時候畫著畫著，會想說，這畫為何這麼歹命，被我畫成這樣。可是後來又想，畫完以後子孫可以說：「這是阿公畫的，阿公也是不賴的！」所以也就很開心了。

我能留下的，只是這些而已。我素描的基礎算是相當好的，應該是不輸給這些美術科的人。然後因為雕塑跟繪畫有關，所以我也捏一些雕塑。

我喜歡看書，報紙也得翻一下，看看有沒有什麼事情。看書是很大的享受，最近我讀一些十九世紀的小說，發現十九世紀的小說實在很偉大。我很討厭的，是經營管理的書，從來不摸也不看。雖然這樣講很不好意思，但實在講，一個很簡單的原理，往往被這些學者寫得很複雜，對我們沒什麼幫助。

我在家裡就是忙這三樣：拉琴、畫畫、讀書，光是這幾樣，我的時間就不夠用了。

總之在生活裡，我很不喜歡被人吵，我很喜歡自己的時間。喜歡靜靜的，思考，或是做什麼事都好。

這，就是我的三百六十度人生。

10

若你人生的目的只是追求錢，那你整天盯著「銀行簿仔」就好了

說到「幸福」，這是一種非常自然的東西。並不是說，有一塊東西叫做「幸福」給我去拿，而是一種狀態。

一個人的幸福，從何而來？像個守財奴一樣把錢緊緊抱住，對人卻很摳，每個人都不理你，這樣可以幸福嗎？

想想看，光是我一個人有錢而你們都沒錢，會產生什麼問題？一個人最怕別人不理他，回

家時太太不理你，小孩也不理你，你賺再多錢也沒路用，對不對？這是非常嚴重的。再說，假如這條街上只有你有錢，這條街你敢不敢住？

這就是我前面講的釣魚哲學。一群人相約去釣魚，最快樂的情況就是大家都釣到魚。從這裡出發，一個幸福的環境，應該是大家看到我會說：「許桑你來了！」大家見面很快樂。快樂，就是要互相，我很有錢，但別人也加減有錢時，會比較快樂。而為了造成好的環境，你就必須使大家都好，所以最後，所謂理想的環境，就是一個「會受到別人尊敬」的環境。到哪裡都受到歡迎的人，是一個好命的人。

你們要了解，我這幾十年來在公司所做的一切，其實是為了我自己的快樂去做的。一般人往往認為，我給員工股票是為了讓員工快樂，可是，事實上是給的人比較快樂喔！因為當我把錢給你，你永遠會認為許先生是好人，大家看到你就會說：「許桑，你做人有夠好！」

因此，也不要因為這樣就認為我賺很多錢分給別人，就是善意。說沒有善意，也可能過於極端，但也不能把它美化說我就是有這個肚量。我賺的錢也不想分給別人呀，我是為了我的快樂，才在公司設立員工認股、分配盈餘種種制度，完全和「善」沒有關係。所以，我不是純為了利他，是為了利己才利他啦！

至於說回饋社會，實在說，沒有人可以善良到把自己辛苦賺來的錢拿給別人去花，這是不

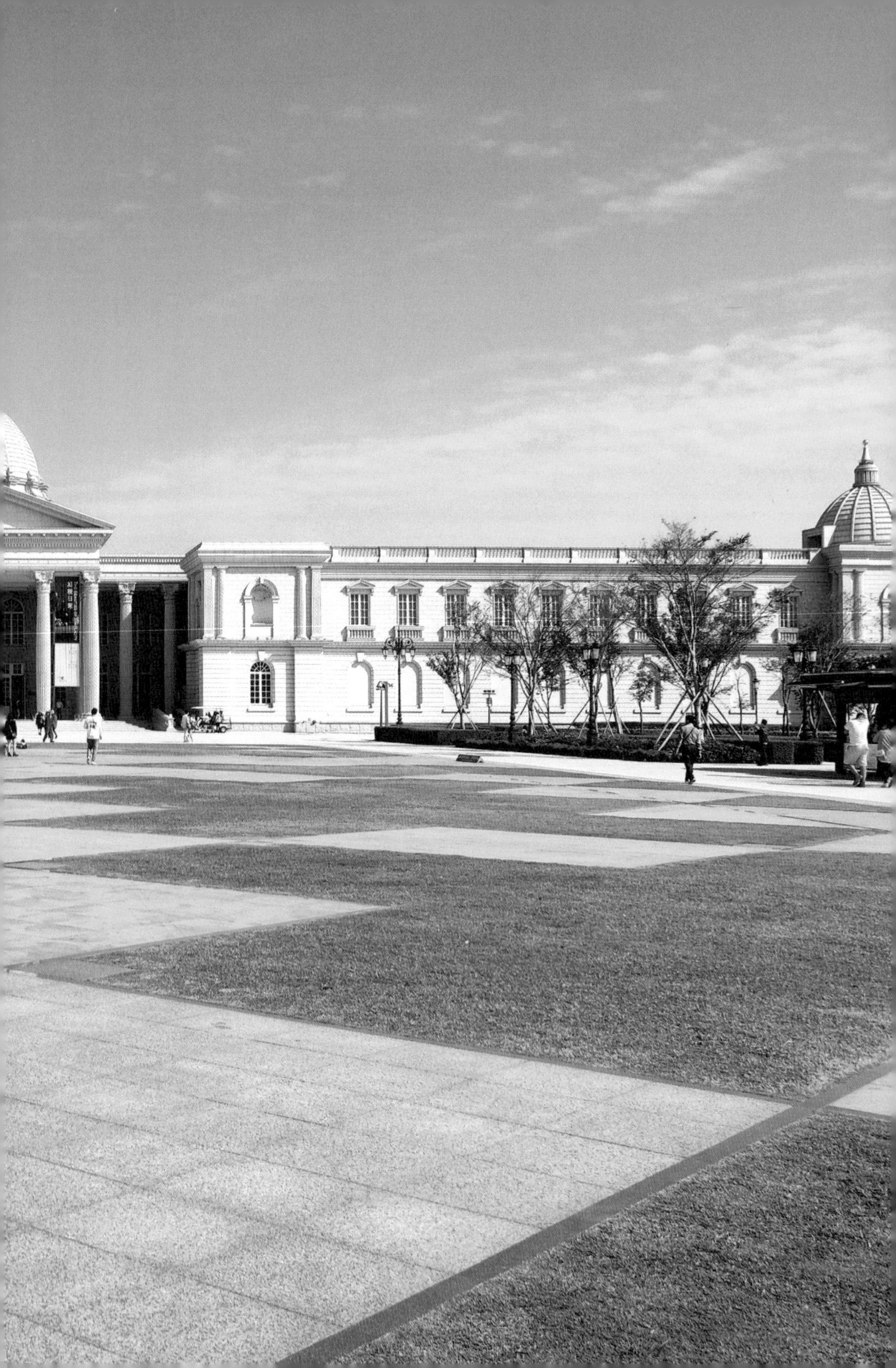

博物館裡所有的收藏品，無論老人或
小孩，看了都會愛上

可能的。可是，我從沒錢的時代把錢當做命，一路走來，會覺得其實錢是讓自己活得幸福的一個手段。若在很早期，有人要拿我的錢，我一定跟他搏性命，但到了後來，我發現若給你一些錢可以換得我的快樂，你會因此而尊敬我，也是不錯的事情。這種心情也是從無到有，慢慢產生出來的。所以我會去蓋醫院、建博物館，或是其他種種。

若你人生的目的只是追求錢，那你整天盯著「銀行簿仔」就好了，可是人生是要追求幸福，而幸福也需要投資。這是很現實的，要幸福，就得花錢。

11

企業沒有永遠這回事。永遠存在的，是我的博物館和醫院

錢，要用了才是錢。我們一定要先有這個觀念的覺醒。

錢若只是存進銀行，就像原料送進倉庫一樣，還不是成品。只會賺錢不會花錢，就像工作只做了一半；若錢還沒用就躺下去，就更冤了。

所以，我也一直在思考：我辛苦賺來的錢到底要怎麼花？這對我來說，實在是很大的題目。

這不是笑話喔，我分析給你們聽。事實上，一個人一個月要花一百萬，是比賺一百萬要來

得更困難的。因為，我沒什麼壞習慣，也不會shopping，一天再怎麼吃，一餐還是只吃得下半碗飯。若要拿食物到路邊發給人家，也只會被當做「肖仔」（神經病）而已。所以實在來講，賺錢是困難，可是花錢更加困難。

你把這種想法講給別人聽，大家都會罵你：「你是事業成功，才在那邊說風涼話！」可是你們實際想想，王永慶生前有辦法一個月花十萬嗎？他一個月賺一億，但你叫他每個月花十萬，他也沒辦法的。

所以，我主張錢應該花在文化和醫療上。我認為，我們從過去一無所有，一路走到現在物質豐富的時代，與文化和醫療這兩樣關係很密切。

企業沒有永遠這回事。永遠存在的，將是我的博物館和醫院。

還有環保也很重要，像台灣的山坡地、河川，還有溼地破壞問題，非常嚴重。山林、溼地被破壞了，要再恢復要五十年、一百年，這是我們子孫的東西，我們實在沒那個權利去破壞它。

我們通常會想到留一些錢給子孫，怎麼不會去想說，「我們不要留錢，我們留一些大自然、一些好的文化、好的傳統給子孫」呢？但大部分人留給子孫的，就是房子、錢，很少去想到好的文化、好的傳統。我認為，政府既然平常喜歡宣傳，就應該往這個方向去做才對。

12

你的幸福，要如何定義？

人活著，就是肚子餓了要吃，睏了就睡。需要的東西很充足、很方便，這就是快樂。

這種快樂要如何達到呢？用錢，錢的價值就從這裡產生。

但是有了錢以後，我們就會開始想，今天用了這些錢，明天會不會變沒有？於是，我們開始去思考「投資」、思考怎樣才能賺更多錢。為了投資，就會產生很多手段，到最後變成了做事業也好，做什麼也好，就一直會想說要來打拚，把事業做大。

我常在講，所有問題的產生，就是因為人們忘了原先的目的，只重視手段，而且是末端的手段，最後眼裡也只剩下手段。

我小時候的生活環境沒有很好，什麼都缺，所以古早人常在相借問：「米現在一斗是幾銀？」現在沒有人這樣問了。現在的米，是用器械在運輸，用機器而不是人工在磨，我們活在這麼一個享受豐富的時代，卻忘記了一些事情。

人一定要回去思考，到底我們要追求的是什麼？所以我一直在提倡一種思考：「很多人都要打拚事業，但到底是為了什麼在打拚？」

人一生的目的，打拚事業的目的，是要追求幸福。這個價值觀很簡單，大家都知道，也非常明確。比較複雜的是：幸福的定義人人不同。有人是看到「銀行簿仔」裡的錢增加，就感到真快樂，有人是這些錢沒花完就不爽快。所以，要先想想：你的幸福定義在哪裡。

這實在是非常大的學問。

怎麼說呢？你來看，人一生的過程，少年時代會認為花錢真是爽快，所以少年時代的幸福，就是錢拿去花，就感到快樂。可是到了一個年紀以後，用錢好像在割肉一樣，他寧可割一塊肉給你，也不願花錢。真古怪，省錢變成了一個人的快樂！

這不是笑話喔。我有很多朋友，少年時代經常相約飲酒，但現在，你叫他把手剁掉，他也不願花錢。當然他有他的不安，不省不行。而且，想完如何省錢、如何可以不用繳稅之後，他就會開始想：如何把錢留給後代。這種事現在已經成為一套專門學問，還得聘請好幾位顧問去研究。

我想，大部分的小孩都不會要求說：「爸爸，你要給我多少錢。」反而是老爸老媽，會認為財產沒給孩子不行。

財產給孩子之後會產生什麼問題？不公平的問題。我的奇美股票給誰、另一間公司股票給誰，給的時候價格相同，但經過五年以後價格變動了，兩個就開始吵架，會說爸爸比較疼你。要解決這個問題，我就要另外再給他錢，到最後，孩子已經忘了爸爸的存在，只會想說，為何當初爸爸給你好的股票，給我不好的股票？孩子的腦袋到最後只存在這個，忘了當初爸爸也是出於好意，而且當初價格都是相同的。

13

錢，不一定要留給後代

我常講，一個人實際生活所需要用到的錢，實在不多，但若去比較「爸爸給你兩千萬，給我五百萬」，問題就來了。所有的事情都不管，只針對這件事。無法處理時，大家就拿出刀子「相堵」（互砍），然後要找爸爸算帳，爸爸若不在，就找媽媽出來。都忘記爸爸自小把你拉拔、扶養到長大，只是不知道財產分下去會變成這樣而已。

所以現在很多家庭，爸爸過世後，大家要先講清楚了財產分配，棺木才能下葬。我看台南市夠有名的某商界大老就是如此，棺木不知拖了多久才入土為安。

我有一個朋友，他有三個兒子。一生拚死拚活買了三間房子，自己一間，大兒子二兒子各一間，只有小的沒有。所以他退休至今，還在做工。有人就問他：「為什麼要這麼辛苦？」他說：「我若不買一間房子給小的，我死不瞑目，小兒子會一輩子怨我。」我跟他說：「這件事情很簡單，你就把另外那兩間房子賣掉，大家都沒房子，不就解決了？」可是，這麼簡單的事他不會去做，你看人有多傻，比動物還傻。

這在你們聽來，像是笑話，卻是普遍存在的事情。我這個年紀，身邊很多朋友都有這種情形，都是為了錢——不是供三餐溫飽的錢，而是分配給孩子的錢。分配不好，問題很大。

當然，我辛苦賺的錢，說完全不給子孫也是不近人情。只不過，全給孩子未必是好辦法，到底對他們是minus（減分）還是plus（加分），也很難說，照我想，是minus的成分來得重很多。

對於沒能力賺這些錢的人，我知道這筆錢是毒藥。

我知道我一生賺的錢若都給孩子，孩子一定不會快樂。因為他們也不敢用，他們會想「這是爸爸辛苦賺來的錢」，用了會覺得對不起父母。錢就是責任，這些錢也會衍生出稅金等等諸多問題，公司的事情他們霧煞煞，還要請會計師來整理。

我很高興的是，我的大女兒就很明確跟我說：「爸爸，我一毛錢也不要，你賺的錢你用就好了，看要做哪些社會事業，我日子過得去就好。」她自己也很乖，生活很樸實。我三個孩子都不曾問過我錢的事情，都認為「錢是爸爸賺的，看爸爸要用在哪裡」。他們這樣想是很好的，所以我也計畫把要給孩子的錢，拿去成立一個基金會，再讓基金會給他們做個顧問之類的，可以領個薪水，免得日後萬一沒頭路，至少還可以生活。

總之，「錢要留給後代」這種思想若不放，我們一代一代賺的錢，就無法回歸社會。

你看美國的大學，人家捐錢捐很多，多到花不完，但台灣的大學真的很可憐，沒人要捐錢。剛開始只有奇美有捐一點，現在別人才開始捐，但比起先進國家還是差很多。

我們常說自己有多厲害，說我們有五千年文化、中華民族什麼的，說了一卡車，實際上，就是兩個字而已：自私。所有的錢就是想留給自己子孫，就是要放在外國，如此而已。

事實上，我們能成功賺錢，自己的能力只是一部分原因而已，我們都需要其他種種看不到的條件配合。在很原始環境生活的人，反而會去想周邊的事，但我們活在物質便利的現代，電話拿起來就能通，水龍頭轉了就有水，要什麼就有什麼，往往卻忘記去想：「到底我們是怎樣成功的？」

一個社會，本來就不是你踏出家門就有路可走，下雨就有水溝可以流，水龍頭轉了就有水可以用的。這些大家都忘了，都以為自己多厲害，才會只想著把錢留給自己的後代。

我有一個朋友，台大畢業的，也是一家公司的大股東，他很早就向我「展」（炫耀）說，他的工作都「做完了」，所有他名下的股份都沒有，是零，全都放給孩子了。他的意思是說，他繳很少的稅金，很順利，而我以後就要繳很多。言下之意，我做得不好。

所以說，教育程度愈高，看的視野愈窄。我認為，對事想得開，對錢就會想得開。你若能肯定所有事物的價值，人的一生會過得非常輕鬆。若我這種想法才是對的，「賺錢要留給後代」這種社會風氣，就應該改。

要如何改？就由你們這一代，來推動這個觀念的改造了。

第二部

幸福經濟

我的一生中遭遇過很多挫折，但我都把它看成一種很有趣的經驗。

在人生裡，很重要的就是：沒有什麼東西一定是好的。

《易經》就說：好是壞的開始，壞是好的開始。

所以你看，任何事情都有好的一面。每個人一生都會遭遇很多事情，讓你們感到很傷心，其實這都是轉機。

所以我常在說，跌倒的時候，不要馬上爬起來，先看看地上有沒有什麼寶貝可以撿。

14

如果把一件事情放大，會怎樣？

小時候，我就習慣從大的角度來想事情。

我對讀書沒什麼興趣，數學也不怎麼樣，直到數學課我看到那個「躺下來的8」——數學裡代表「無限大」的符號∞——我就好高興。這，正是我要的。

現在大家都在談全球化，其實，我很早就有全球化的概念。從少年時代，我面對一件事情時有一個習慣，就是先去想像「如果把它放大以後，會變成怎麼樣？」然後用那個放大以後的結果，來思考現在的事情。

最早，我是在台南市區做塑膠，奇美創業以後就考慮移往另一個地方設廠。當時，有人建議隔壁一塊百坪的土地。但我心裡想，一百坪如果用掉了，接下來呢？那時候，台南市鹽埕一帶整片都是雜草，放眼看去盡無人煙，等於想買多少就有多少，地價又便宜，我就決定選在那裡，買了七百坪。那個時代大家都拚命往市區跑，只有我往郊區發展，大家就很納悶：「你明明住在市區，為什麼要跑到那裡設廠？」

後來工廠不斷擴張，我前前後後在那裡買了上萬坪土地。經過十年、二十年以後，那裡已經成為黃金地了。

同樣是買地，早期還有一個例子。我事業發展到一個時機以後，台北有需要設事務所，就想買大樓。那時候我看忠孝東路整片都是田，一坪才幾百塊錢，我就跟我大哥說，我們來買，可以買一大片。可是，我大哥幫我去下訂金時，卻買了另一棟很貴的，在那時候的黃金地段，就是現在台北的奇美大樓。

在奇美的歷史裡，這一段是有夠慘，我的資金整個緊縮起來，那是我人生過程裡真正擔心事業會倒閉的時候。你看，那棟大樓的價值跟忠孝東路根本不能比，當時那筆錢在忠孝東路至少可以買到五、六甲的土地。

這些都是我會先放大到無限大，再從後面想回來的例子。任何事情都先想想：未來會怎樣？現在的我該怎麼做？

我做ABS樹脂（Acrylou）的時候，日本已經有一套傳統作法。當時國外都是按照客戶的需求來生產，叫做Custom Grade（訂製級）ABS，客戶需要什麼，我就做什麼，所以生產線就需要很多。日本每一家廠商都有一百多種以上的規格，做汽車ABS的有汽車的規格，做電視的有電視的規格。我就想，未來樹脂、塑膠發展起來以後，需求也會變大，生態應該很不一樣。所以，我就做出一個很大的觀念轉變：「我是做大眾需要的，不要只為少數人生產。」

在奇美的發展中，我就是抓住這一點。我把ABS的規格從過去的餐廳點菜，變成了「吃到飽」的自助餐。你來只要繳一百塊，就能吃到飽，價格便宜，品質穩定，而且一定吃得飽。現在全世界ABS的作法，都是用我這一套的。

所以奇美的發展，靠的就是這個「無限大」的觀念。

15 孫子兵法中最好用的，就是第三十六計

很多人都以為我沒失敗過，其實這是錯的。在奇美這些年的歷史裡，我轉換了許多種領域，做過很多行業，也收掉很多。只是因為我跑得比別人快，所以表面上看起來好像沒有失敗過。

每間公司都有每間公司的體質，就像我自己的體質就不適合去挑米一樣。但是，什麼行業適合你的體質，就要有所抉擇了。有些是早期適合，後來就不適合，所以有些行業做一陣子以後，我就會覺得「不行」而把它結束掉。

所謂的「不行」，就是指沒有競爭力了。

為什麼會沒有競爭力？比如說，有些產品早期若沒有龐大的資本，就無法生產，設備需要花很多錢，加上當時小企業還無法出頭，所以這時候你若有錢來做這門生意，就會有相當的利潤。可是，這類產品一旦設備簡化了，技術層次也普及了，這時候，你就沒辦法再跟中小企業競爭。

我們奇美的薪水都比別人高，再加上對員工未來的種種保障，每個員工我們的負擔大約是別人的兩倍，所以，只要是小企業、家庭企業可以生產的東西，我就不做了。

像ABS，它就是需要技術跟資本累積的產品，小的企業無法生產。我的競爭對手是外國，當時主要是日本，所以我ABS一推出，對日本和美國的打擊就很大。因為當時他們的薪資負擔種種都比我們多，技術跟策略也沒有我們靈活。所以，我的ABS可以在短時間內做到世界第一。

但是，技術這種東西，不是沒有盡頭的。有些技術你一直開發，還是有走到飽和的那一天，這時候，過去和你技術有落差的國家就會一直追上來。像ABS，韓國、泰國或是馬來西亞，這些國家都慢慢追過來了，他們的工資負擔又比我們輕，所以過去是我在追人家，現在變成被人家追；過去是我們最強，現在換成別人強。這都是很正常的，本來就會有變化。

另外，像鈕扣、建材、壓克力、保麗龍等很多事業，我過去也曾經做得很大，後來也一一收起來了。有一些，是我認為沒有未來；有一些，是我認為不適合在台灣繼續發展下去。

但是我有一個特色，我不是賠本了才收，我是「利潤比較少」了就收，不是等虧損到一塌糊塗才不做。很多人就是會這樣，會一直撐，傻傻的撐，我是看差不多了就收，還沒虧損就收。

這一點在奇美的發展史上是很重要的：不要有包袱在身上。很多人就是會這樣——表面上看，新產品不斷推出，但舊的產品也沒有放手，最後就會形成「舊的在虧，新的在賺」的現象。

趁一個行業還有空間時把它收起來，不能說是失敗。因為，不可能有一種行業是可以永遠賺下去的。

像ABS，九〇年代的奇美就是世界第一；我們現在還是很大，只是不像過去那麼有競爭力。因為我開發出來的新技術，現在很多國家都會做，即使再開發新的技術，這池子裡的魚也已經沒有，或是很少了，所以這energy 就應該轉到別處去，就要轉型。

所謂的失敗，就是當一個行業已經沒有未來了，你還笨笨的一直做下去。

所以有些做生意的朋友來，我常常會提醒他們：「對你們來說，孫子兵法最好用的，就是第三十六計——不行了，就要跑。」經營企業就是要這樣，時機到了，體質不再適合了，就要跑。

凝視日常
THE BEAUTIES OF SIMPLICITY
2018
1.25
2019
2.25

我們蓋了一個很美的所在，讓民眾禮拜六、日可以帶著小孩子到處走。

但是有一點很重要：要跑得比別人快，不要等火燒屁股了才跑。因為，要把公司收掉的時候都會很痛苦，除了客戶不願意它收起來，你也要找新的工作來讓員工轉業。這些事情要處理得好，就要在還有賺錢時採取行動。

16

假如真的沒辦法，就讓它「歸零」，再出發也比較快

沒有絕對的事情，也沒有永遠的企業。

我是比較容易看得開的人。二十幾年前——一九八三年二月，仁德公司發生大火。我記得，大火正在燒的時候，公司裡有個小姐怕我看到會昏倒，靠過來要抱住我。事實上，我當時已經在想，燒掉也好，這間工廠也一直做得不太順利，當然燒掉是損失沒有錯，但假如沒辦法救，讓它「歸零」也沒什麼不好，這樣再出發也比較快。

換作一般人，都會想說火災後大概要辛苦三個月，但我的心情卻只是想著「歸零」而已。

至少生命還在，至少大家還有飯可吃。

所以當大火還在燒，我腦海裡已經在想一件新的事情了。我當時看燒掉的工廠旁邊還有一塊空地，於是就想把旁邊那塊地買下來好了。當然會有一些財務上的問題，不過，都是可以解決的。

燒完後，我們的重建已經同步展開。我把旁邊的土地買了下來，後來也就順利的一直賺錢。

這就是說，有時候是禍還是福，要看自己的心態。遇到那樣的事情，與其在那裡悲觀，不如樂觀地歸零。你若能換個角度想，都會是轉機。在我人生遇到一些問題時，我都會去想：「另一面是怎麼樣？」所以比較起來，我是比較樂觀，什麼事情都會去想反面是怎麼樣。

奇美通訊也是如此。我們在它還很有競爭力的時候，賣給了郭台銘。這是因為手機這個產業要看大陸市場，和大陸有關係。大陸對我很不友善，但是政治理念是我個人的事情，奇美通訊的員工若因為我個人而吃虧，這樣是不行的。所以我當時想：對奇美通訊來說，是由我當爸爸比較好，還是讓別人來養比較好？

廖錦祥董事長到這家公司的時候，我就說，不要緊，這孩子若自己不能養，就給別人養，這對孩子的未來比較好。結果真的，鴻海買過去以後，股票一直漲。奇美現在也還有一些持股，只是不多了。

所以，我也不會認為是失去奇美通訊，我絕不會這樣想而認為可惜。我反而會想，我這孩子跟到更有錢、更有能力的爸爸，也是不錯的。

實在講，所有的事情都存乎一心，都在你的觀念，能這樣想就會很輕鬆。

17 失敗的旁邊，都有寶物！

人生的失敗裡，都有很多經驗可以參考。只是大部分人往往都不去看，就是悲觀，只會想說：為什麼我這麼歹運？

其實失敗的旁邊，都有寶物。

我的一生中遭遇過很多挫折，也有很多傷心的事，但我都把它看成一種很有趣的經驗。在人生裡，很重要的就是：沒有什麼東西一定是好的。《易經》就說：好是壞的開始，壞是好的開始。所以你看，任何事情都有好的一面。每個人一生都會遭遇很多事情，讓你們感到很傷心，其實這都是轉機。所以我常在說，跌倒的時候，不要馬上爬起來，先看看地上有沒有什麼寶貝可以撿。

但是一般人都不會去撿，只會一直自怨自艾，說自己運氣怎麼那麼衰。實際去想，我們人的一生中都會遇到很多困難的事情，但經過一段時間之後，我們反而會得到很珍貴的經驗。這不是說，很高興要你失敗時，但至少有學習珍貴經驗的機會時，不要不把它當做機會。

做一件事情，不要因為不保證成功，就不去嘗試。

為了鼓勵員工勇敢嘗試，我在奇美有一種管理方式，就是「找答案，不找責任」。就是因為我們塑造出這樣的環境，奇美才會有今天源源不斷的創新。

曾經ABS正在發展的時候，我們從日本進口了一部最終混煉機器，Toshiba（日本東芝）最新設計的，有三個透氣孔。這個設備花了四千多萬，差不多要占掉當時資本額的十分之一，他們就說，這是「帝國興亡，在此一役」。結果測試了半年，怎麼做就是不成功，公司內部就有人主張要處罰負責的人，說要記過什麼的。我就說，他也是為了公司好，動機並不是壞，就算了。

「有功沒賞，弄破要賠」是一般企業常見的做法，但我認為，還是要考慮動機。若動機是善的，是為了公司好而發生錯誤，絕對不該處罰。否則，做事情的人日後就會失去勇氣，不敢嘗試了。人性都會這樣，出了差錯就怕被懲罰，以後就會開始隱瞞。所以經營者一定要給他機會，不然，以後誰還敢嘗試新的東西？

這個觀念大家可能懂，不過一般人很難做得到。我是認為，敢授權就不要怕底下的人犯錯。這樣長久下來就會形成風氣，所有的idea會一直發表出來，人的潛能充分發揮。很多技術，外國不是沒有，但他們不敢冒險。奇美的制度是鼓勵冒險，才會有種種技術上的突破，目前專利就有將近八百種。

我自己很大膽、不怕死，但是對年輕人來說，膽量跟能力也是要訓練的。在公司裡我很注重這件事，也形成了這樣的文化。

18

不要拚第一，要拚第一幸福

我是不炒股票的人。一個以炒高股價為經營導向的人，聘人就只會想著薪水給得低、事情做得多。

但我不注重這個，一個人的心如果不在這裡，就算向我領很少的錢，我也不願意請。而如果你的心在這裡，就算你的工作表現不夠好，也沒關係，算是緣分。

所以，奇美是不喜歡辭退人的。除非是情況特殊，或是發生很嚴重的事情——例如把錢放進自己的口袋，否則奇美是沒有裁員文化的。請來的員工若是工作表現不好，你就當做像家裡出了一個比較不聰明的小孩一樣，沒辦法改變，這樣想就會很輕鬆。我相信，企業與員工之間，是一種緣。

人家說，我這樣很照顧員工。其實，也是員工在照顧我。這是一種互惠，因為我的生活也是靠他們來的，所以我當然要照顧他們。我希望來為我工作的人，大家都很歡喜，到了退休，也是歡喜的離開。這就是一種快樂，就看你要不要重視這個快樂。

有個做生意的朋友跟我說，現在的員工薪水一直漲，他想要換一個薪水便宜點的。當然，你是可以這樣做，就看你需要的只是賺錢，還是大家能同坐一部車子一起去釣魚，看你的價值要放在哪裡。

你若是重視錢，你的價值就會放在數字上，當然公司的發展是會比較快。可是，你若選擇這麼做，就無法避免受到一些痛苦事情的影響。事業做到了一個階段，經營者都會遇到這個選擇題：你到底是要選擇什麼？

我自己是這樣想的：「我們追求的不只是錢，我們不是要拚第一，是要拚第一幸福。」

也就是說，雖然這個人比較沒有能力了，繼續讓他待下去，當然公司負擔會比較大，但是你追求的不是只有數字。我常常對他們說：「你們應該去追求幸福呀！不要為了企業這樣沒日沒夜在打拚，把家庭都放一邊！」

我就是常常注意這個而已。至於說生涯的發展，我發現，他們會自己去想要怎麼發展的。

說真的，去聽奇美最高幹部的會議，我都會覺得自己很好命。他們這些人，自己的股份沒多少，但是為了爭取公司的利益、公司未來的發展，大家都拚得要命。我跟他們說，你們大家都在替我賺錢耶，但是他們完全不這樣想，不會想說你許文龍是大股，很好康。

像何昭陽總經理，前幾年就一直很想做太陽能板，投資近百億，我就問他：「你電子忙成這樣還不夠？」他很忙，但就是一直很想做，從來不曾想過成功之後可以賺多少，一群人在那裡忙得很熱。在那個場所裡的氣氛，沒有人會計算到底自己得到多少。我想，你喜歡歹命，我也沒辦法。因此，儘管我不了解太陽能板，還是放手讓他去做，因為我很尊重他。這個人的為人，他的動機，他對集團的忠誠度，都沒有話說。

回顧我自己的一生，我的好命，並不在於事業做得多大，而是在於這些人從不為私人利益，完全為了企業的存在而從不計較。你說一個人事業再怎麼大，若讓下面的人批判，這是很難過的！

所以我就說，事業做到這一天，奇美已經不是我的，而是大家的了。

19 吃藥會中毒，做企業同樣也會中毒

你們也許會問，奇美這種互惠文化是怎麼開始的？

我告訴你，是從一開始就這樣的。打從一開始，大家就是這麼不計較。奇美從規模還很小的時候，就建立了一種文化：大家是命運共同體。錢，是大家共同賺、共同分。這樣子久了，他們就覺得公司很好，很公平。

跟現在很多大公司比起來，我的企業不是很大，但是我們有一個特色，就是：「不是為了工作而工作，而是為了快樂、為了幸福。」這個目標，到現在我們都沒有失去。

就像吃藥會中毒，做企業，同樣也會中毒。做一個領導者，會越做越有興趣，可是你周圍

的人，不一定會跟著越來越有趣味。因此，領導者一定要站在對方的立場來做事。這就是為什麼，我早在一九八四年，就要公司週休二日，因為我當時一個禮拜只做一、兩天，要他們做六天，太對不起他們。

但是，那時候我的幹部們全部反對，認為這會增加很多成本。我認為這只是觀念問題，只要員工認為好就對了，所以在一九八五年的時候，我乾脆在奇美運動會上直接宣布，強迫他們儘快落實。從那天開始，奇美投入千萬元更新自動化設備與監視系統，人的智慧、潛能全部發揮出來。自動化、合理化的問題，也跟著被逼得一個個解決了。

20

領導者應該是夢的推銷者，和幸福環境的塑造者

我認為，一個好的領導者應該是「夢的推銷者」，也是「幸福環境的塑造者」。我的工作，就是塑造一個好的環境，讓很多人來這裡，達成他們的理想，讓大家可以很幸福。

我用人的第一個祕訣，就是：讓員工好做事。我不是「教你怎樣把事情做好」，而是「創造一個讓你把事情做好的環境」，幫你排除你做事時的阻礙。我會問你：「工作好做嗎？有什麼問題嗎？」

一個好的領導者，我認為有兩項重要的任務：第一，要創造一個好做事的環境；第二，利

益分配要公平。只有這兩樣而已。

領導者是讓人家做事情，不是自己在做。假如你自己事情做很多，就一定不是好的領導者。而我們要拉一個人進來、還要人家待得住，第一重要的，就是要有好的工作環境。

什麼是好的環境？就是一個做事不受阻礙的環境。

有的人很想做事，但是周遭環境阻礙太多。最大的阻礙是什麼？就是人。就是一些私心的問題。這個是股東的什麼人，那個又是哪一派的，讓你綁手綁腳，無法盡情發揮。第二項阻礙，是頭家對工作的要求過於嚴苛。當你嚴苛到成為員工的負擔時，這時候你就得改變一下了。

就這幾點來考慮，我敢說，奇美的工作環境是很好的。奇美沒什麼派系問題，當然要說完全都沒有，也是不可能，不過我盡量「消滅派系」。所以來這裡做事，你不需要是任何人的誰，或具有什麼背景。

在公司內部，我也不會去分化。我們漢人社會，常會弄出些派系來互鬥。這些事情我是完全禁止的——不可以有分化的事情，我禁止「矛盾政策」。從前，清朝時代就是這樣，先把你區分成客家人跟閩南人，讓你去矛盾；然後又把你閩南人區分成漳州人跟泉州人，再讓你閩南人自己去跟自己鬥。國民黨來到台灣也是一樣，光一個台南縣，就把你分成山派跟海派，讓你們鬥來鬥去；後來不鬥了，又把你分成溪南跟溪北，再讓你矛盾。所以一個縣裡面，國民黨就派了四個人來，分四個地方讓你忙得沒完沒了。

這也是普通大企業會使用的招數，但長久來看就是不好，所以我不用這套。

差不多是三十幾年前（一九七二年），我就落實「經營權和所有權分離制度」，把公司的重要職位，交給專業人才來負責；同時，也有一些組織的「合理化運動」，當時就是拜託廖錦祥董事長他們，來推動這些新觀念的改革，讓公司的作業合理化、科學化。重點有三大部分：技術創新、組織改造，和策略調整。

我選總經理，也不是人家在說的「選很行的」，只要有結黨傾向的人，我絕對不用。我若知道這個人都在袒護自己人，我就不會用他。所以在我們公司，派系要說有，也是極少的。進來公司以後，你也不用考慮要去巴結誰，這一點，我相信奇美做得比任何公司都要好。

尤其，現在的環境跟以前不同了。過去，只要薪水給得比人家高，工作不怕沒人來；但現在時代不一樣，大家都是讀過大學，家庭環境也都相當好，到哪裡都找得到工作，已經不是說這裡十萬、那裡八萬，就一定會選擇十萬的工作。現在的人才很關心工作是不是有成就感、這個環境是不是能讓我充分發揮。若八萬塊的工作環境比較好，是比十萬塊要來得更有吸引力的。

所以在這個行業裡，好的人才集中在我這裡的，真的很多。有好的環境，就有好的人才，這是一種好的循環。

我用人的第二個祕訣，是讓員工的收入要能夠達到水準。因為除了我剛才說的好環境，讓大家「工作很好做」之外，如果收入比別人差，也是不夠的。所以，還是要給員工有夠水準的收入才行。

我用人的第三個祕訣，就是給員工未來。「我在這間公司一直做一直做，到底將來我會變成怎麼樣？」大家都會考慮自己的未來，這是人性之常。所以，要讓員工安心工作，你就要給員工的未來相當的保障。

針對保障員工未來這一點，我相信在台灣，我們公司是做得很好的。現在奇美實業所有從業員的持股，大約占股本的兩成，超過二十八億，這還是用沒上市的股價來算的喔！如果以上市後的股價來算，我想五倍十倍是沒有問題的。

這超過二十八億的股票裡面，員工是沒有花自己一毛錢的。我是一九七三年開始，就實施員工認股分紅制度。不過，那時候叫員工拿錢出來買股票其實不容易，有的人或許有錢，有的卻沒錢，所以從一開始我就乾脆這樣做：股票送你，這段期間所有配股所得的利益，都還是歸你們。等你們退休的時候，再還我本金就好，我也不收利息。

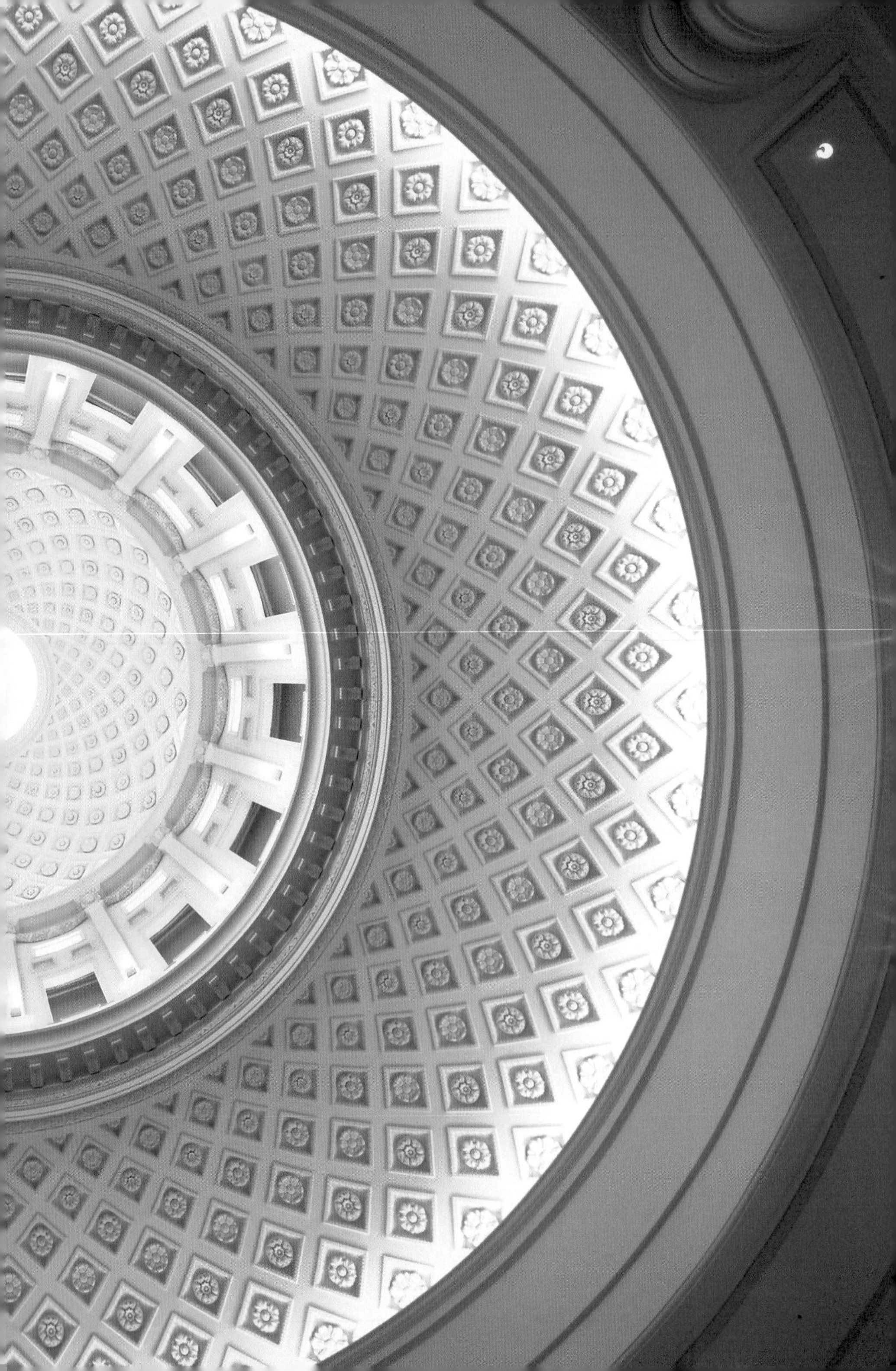

有能力將許多人類寶貴的文化資源留在台灣，分享給社會大眾，是我一輩子最快樂的事。

像我這樣，把自己的股票拿出來配給員工，從短期來看當然是損失；但若從長遠來看，我也沒吃多大的虧，起碼我是這樣認為。

因為，拿了股票以後，大家立場就一致了，大家是命運共同體，我有賺錢，你也就有賺錢。所以奇美人退休後，每個人的財富都是公務人員比不上的。我們每年的股利，也可以讓大家都維持相當的生活水準。這些錢，我認為完全是他們努力打拚出來的，我只是創造了這個制度，讓他們樂意打拚而已。

所以，儘管我們公司的負擔比人家大，但是在七〇年代石油危機的時候，奇美照樣有我們的「三不」政策——不裁員、不減薪、不刪減研究經費。

我就是讓公司的人知道，在奇美做事你可以很安心，不用擔心失去頭路。小時候我父親失業過，我想到那頓走味的年夜飯，心裡還是會感覺酸酸的。我覺得，人家願意進來我們公司，只要公司有能力，我們就有義務讓他們覺得幸福，不要讓他們的小孩也替爸爸媽媽擔心。

我用人，就是這三樣祕訣而已——讓員工的工作好做，讓員工的待遇比別人好，讓員工的未來有保障。

21

大股東要讓小股東占便宜，有能力者要讓無能力者占便宜

從一開始，我就提過一個觀念：「有錢的要讓沒錢的占便宜，大股東要讓小股東占便宜，有能力者要讓無能力者占便宜。」

這些事情你沒做好，要領導好一個集團是不可能的。

這個社會，老實講，都是有錢人在占沒錢人的便宜，有能力者在占無能力者便宜。這種事情政府不講，講的都是些無關痛癢的事。

我就常在說，最早創業的時候，我在奇美的股份是百分之四十五，現在我大概剩下百分之

十，搞不好連百分之十都沒有了。從百分之四十五到百分之十，所減少的部分，我是把它當做換來快樂就是了。

當年重新配股的時候，我首先是分配給我的兄弟姊妹。我們兄弟姊妹十人，我把舊廠給我哥哥、我弟弟去做。我自己大成功，難道要讓他們生活不好？所以就分配一些給他們。再來，奇美創業的時候，我是很大的股東，剩下的都是百分之二、三的小股，所以第二個分配的，就是小股。但是增資的時候，我是拿股票給他們增資，而且他們都不用拿錢出來。

經過幾次配股調整以後，大股跟小股的差別就很少了。

人，當然是錢愈多愈好。不過我是感覺說，若只有你一個人有錢，也是歹命。大家都有錢，這樣是最好的。我按照這個想法做了以後，發現大家真的都很快樂。

事實上，你們要知道，那些上市公司是一面光明、一面黑暗的。從光明面來看，你若做到一個董事長，一年一千萬薪水是跑不掉的。一般董事長的薪資，見光的大約每個月就有三、五十萬，私底下若公司有賺錢，董監事可能就分到千百萬。董事占一，常務董事占二，董事長占四，一般是如此；若是極端一點的，董事會就占掉公司盈餘的百分之三、四十。

這還只是光明面的。暗地裡董事長還有一些特權，例如公司現在有十甲土地，他就把周圍的土地先買下來，當然日後公司若要發展了，就得買他的土地。像這種黑暗的例子很多，所以你看，大家常會為了董事席次而爭得火熱。

在我們公司，是絕對禁止這種事情的。你是董事也好、董事長也好，都是公司的職員，都不能做這些事情。

這些細節若沒有做好，要叫別人為公司多努力，事實上是比較困難的。我自己感到驕傲的是奇美有一個很大特色：分配公平。董監事的車馬費一年新台幣一萬，這是「死豬仔價」（固定價），三十年前一萬，現在還是一萬。像我們廖董，到現在也是一年一萬，但所有跟銀行有關的事他都要照做，所有的責任都要擔。我就是要建立這個風氣，因為我認為，有錢人不能再占沒錢人那麼多。

不只是奇美。我經營醫院二十幾年，也沒跟醫院拿過半毛錢。除了我董事長的薪水是零，我在奇美領的薪水也捐給醫院。我就是覺得，要這樣做才說得通。若是這邊也拿、那邊也拿，也不是說不可以，只是你的立場會比較說不過去。

所以大家都會覺得，來我這裡比較好。印章是我在蓋，跟銀行借錢的人也是我，有什麼事情我頭一個揹，但私人用途的東西，我一定是用我私人的錢來處理。我覺得，投資配股多少就是多少。成天叫員工打拚，自己若只顧私利，員工也看得出來。

建立了這種環境，人才就會願意進來。

22 從工資來降低成本的，是無能的經營者

很多人都問我：奇美人事成本這麼高，也不用外勞，如何競爭？

其實工資只是成本中的一項而已，在我看來，從工資來降低成本的，是無能的經營者。一個好的經營者，應該先從降低原料成本、提高販售價格開始。這些都沒辦法了，才談工資。奇美實業應該是全台灣待遇最好的公司之一，奇美醫院也是，待遇應該也是全國數一數二的。醫院是財團法人，賺的錢也不能分，不過就算要分，我也用不到。一個人所需的東西不多，能這樣想的時候，就會很輕鬆。

雖然我沒有拿董事長薪資，董監事費也只有一年一萬，但是我省下來的這些錢，不是要給

股東的。在電子業裡，女工的薪資很低，我希望這些錢可以用來照顧低所得的從業員。

奇美最大的特色之一，就是董事長的薪水比總經理低，總經理的薪水比其他公司的總經理低，一般員工的薪水比別的公司要高。而且，在我們公司薪水比總經理還高的，我看至少有一、二十人。我們的制度是同時考量「年功」與「能力」，可以說，奇美是上下薪資差距最小的公司。

過去，台灣的傳統產業常喊找不到工人，喊了一、二十年。但這個情況，奇美從來沒有發生。為什麼會找不到工人？我想這是三歲小孩都知道的事：就是你工資低、環境差而已。

身為老闆若不會去考慮這些，那你在經營上的考試一定是零分。

23

「吃到我的財產耗盡為止」這句話你敢講出來，你就是流氓頭子，什麼人都會要跟你

一個領導者，有點像是黑道大哥——你平常吃穿都要靠我，就算今天沒做什麼事，照樣有飯吃。古早人說「食客三千」就是這個道理，平常就要養。

這樣的想法，無時不刻不在我的腦海裡。

一九七三年全球經濟大蕭條、很辛苦的時候，我沒有裁員。當時，台灣有一半以上的企業必須裁員或減薪，工廠幾近停工，我只有少數部長級以上的高級幹部減薪兩成，底下的都沒

動。我跟他們說：「大家可以吃到我的財產耗盡為止！」這句話你敢講出來，你就是流氓頭子，什麼人都會要跟你。我不會打架，但就算是拳頭比我大的人都要跟我。

我記得，當時我剛從中油聘請一位研究所的李所長過來。才剛開始要做研究，就碰上全球不景氣，他就很擔心，因為一般景氣若差，研究經費會第一個被刪。我當時就對他說：「若沒有研究經費，你就賣我的房子去做研究。」

我接收奇美醫院時，它每個月虧損五、六百萬，我另外還跟銀行借了七億。我對董事會說的第一句話就是：「這七億我私人來擔就好。」所以奇美醫院的負債，是我私人扛起來的，不是董事會。

我認為，掌舵者就要能夠這樣。這就是所謂「擔頭大的」（負擔沉重的人）拿去吃就對了，以後再怎麼辛苦，大家都會跟著你。

我這樣的個性，是有些天生的，從孩子時代，我就是孩子王。我都是一句話：「你們去做，有事情我負責。」雖然我不是「大箍仔眾人驚」（胖子人人怕），但是若有什麼事情，大家都要我做頭。

小時候，我很愛打架，沒本錢又愛打架。日本時代很多學長都會打學弟，我有個朋友就是被學長給打了，跑來跟我講。我就說，好，我來修理他。戰前都是一對一，兩個人打一打，兩三分鐘就解決了。會很多人去打一個，是戰後才有的事。打架的事我家人當然都不曉得，後來是那個被打的人，他媽媽跑去跟我媽媽講，我家人才知道的。我還記得當時我姊姊一直哭說，她不知道家裡竟出了一個流氓。

所以我現在拚事業的膽，跟我當時打架的膽，是差不多。天生的。

24
下決定時一定要想：萬一失敗，會不會連累到很多人

我一生決定事情，只擔憂一個問題：「我今天做這個決定，萬一怎麼樣了，是不是會連累到很多人，讓很多人不幸？」

若會擔心這個問題、認為有這個可能性，我就儘量不做。

我也做過自己很不甘願、很痛苦的決定。我是認為，犧牲我自己沒有關係，我不會為了自己的成就、自己的利益來犧牲別人，我絕對不會。

包括醫院的經營。好事是要做啊，但是就算我自己要做好事，也不能把整個公司都拖下

來，所以醫院的七億債務，是我私人擔下的。很少人知道，當時我的財產也不過就是七、八億而已，這大約是二十年前（一九八七年）的事。講起來好像很輕鬆，其實並不容易，那是我一輩子賺來的錢，如果醫院全部賠掉，我就整個完了。

當然，對一個既沒有錢、又沒有任何背景的人來說，決定事情是比較有膽量的。我那時候是想，頂多就是再吃地瓜粥而已，也沒什麼不得了的事。若能這樣想，你就會很輕鬆。尤其我也沒什麼高的學歷或好的背景，這對我來說，反而是好事。如果我是博士，可能就會顧忌很多。博士有博士的好處，沒博士有沒博士的優點。

不過，你自己也許可以看得很開，但假如有一群人跟著你，那你該怎麼辦？

事業發展到一個階段以後，一定會遇到這個問題，這已經不是你個人的問題了，你還要考慮到自己是人家的長輩，後面有一大群孩子跟著你。若你自己做得不對，孩子是會沒飯吃的。

所以，我們奇美從業員每個人都有股，萬一公司解散了，他們也還有一些財產可以吃飯。

25 只要有能力，誰都可以做總經理

我認為，領導者是可以訓練的。身為一個領導者，最怕的，就是不知道基層的困難在哪裡。

像我們廖董，要說他多聰明也沒有，但他什麼都做過。他少年時代進來，就是從最基層的倉管工作一路做起，所以他很照顧員工，了解困難在哪裡，做人也很謙虛，常常說一些經驗給後輩參考，都謙虛地說他自己不是專家。其實，他真正是我們「奇美的博士」。

奇美的總經理，都是經過一段時間歷練才產生的。創業剛開始，我是董事長兼總經理，我們先培養一些人，在這些人裡面，看他先天上有沒有某些素質。要領導的人，還是要具備一些先天的素質的。如果這個人不錯，有機會就會讓他做看看。因為高層幹部頂多十個，十個裡面誰比較有領導能力，大家都看得到，到最後我們就升他起來。

奇美對領導者的培養，大部分是以個案研究的方式來訓練的。我讓他們參與公司的最高決策，也看到機密資料，這些機密外流也沒有關係，只要經常保持進步就可以。另外，也透過廠務會議的方式，來逐步培養領導人才。

奇美是生產事業，很重視生產技術人才。有技術的人做管理工作，當然會比較不一樣，所以我也很希望學管理的人，能多撥一點時間研究技術。我們生產事業的經營沒有其他祕訣，只要把品質做好，價錢比別人低。若能守住這些，半夜也有人會跑來向你買，否則，再好的行銷策略也是成效有限。這不是在說行銷策略完全沒用，而是說，品質好、成本低這些前提條件一定要先確立。

不過，經過一段時間以後，你還是要換領導者。這樣升不到的人，或是沒機會的人，他也有機會。你要在制度上，讓有能力的人都有機會。

像我們前任的總經理何昭陽，學校畢業後就到奇美，做過技術、研究、生產部門的主管，他對廠內的人事與生產都非常熟悉。做總經理最怕的就是不了解現場，還要靠報告跟關係才能了解，這些東西在奇美都是不存在的。所以，我們的總經理都是很優秀的技術人才出身，對技術的掌握很好，在奇美的資歷也都很完整。

另一項重要的是，我的親戚或是奇美的大股東，想用關係來當總經理，我都會說No！「要有能力，才可以做總經理！」在奇美就是這樣，這是很自然的道理。

奇美博物館不是我個人的事或公司集團的文化事業，而是屬於全台灣社會的資產。

26

再差的屬下，也是別人家裡的好父親；女工回到家，也是千金小姐！

在我的公司裡，民主性是很重要的。孔子的儒家思想雖然我部分可以接受，但我最不能接受的，就是他完全沒有民主思想。奇美不但分配公平，升遷或獎勵制度也很公平。

從前的女工是貼個條子在等候聘雇的，從前的老闆使喚女工就像使喚奴隸一樣，但是我一概禁止。要知道，女工回到家裡也是人家的千金啊！再差的屬下，也是別人家裡的好父親。即使是一個基層守衛，回到家裡也是一個好爸爸、好兒子呀！

所以，要消除階級觀念，在人格上所有人一律平等。一家公司會成功，沒有一個人是不重要的，職位可以分大小，但是不能有階級的觀念。就像客人來，我們公司幫忙倒茶水的，越是主管越要做。

要照顧員工，利益分配要平均，要平等對待，這已經成為奇美文化的特色。

可是，這實在是一件沒什麼大不了的事情，而是很自然的。就像肚子餓了就要吃飯一樣，我並沒有掛著一個崇高的目標，然後一定要達到目標或是怎麼樣。比較像是走兩步，發現了一條路，再走兩步，又發現了另一條路。

只是現在回頭看，才發現我走的路，跟別人走的路差別在哪裡。事實上，我也很怕別人把我給神化了，那對我是很大的負擔。

27

問問自己，要打大算盤還是小算盤

在經營事業過程中，我做了一些別人都沒有想過的事情。

我是從最底層的小工廠白手起家的，那是一九五三年，我開一家小塑膠廠，資本額只有台幣兩萬，工廠八坪，做塑膠用品跟玩具加工。

在創業之前，我已經工作了好幾年，當時我就發現，一般人做事業有一個盲點：一般做玩具的工廠，就只是單純做玩具，但我發覺，要決定玩具的美醜，關鍵在模子。我若跟別人一樣，拿模具廠的模子來灌，那我的條件就只跟別人一樣而已。所以，一開始創業時我就決定：「要控制模子，模子就要自己做！」我能夠在短短期間成為台灣很大的公司，就是因為我控制模具，速度高而成本低。

可能也是天性，我很快可以察覺一件事的key point（關鍵）在哪裡。

再比方說，台灣塑膠工業產品外銷，奇美算是最早的。一九六三年還是農產品外銷的時代，奇美第一個做工業產品外銷。當時沒人做外銷，是因為根本做不下去。台灣一百塊的產品出去，只剩六十塊，剛好只能回收原料成本。

我那時規模很小，做的是壓克力玻璃板，在台灣市場的產量一個月是兩噸，買原料也不像現在是整艘船在運，而是用一種二十五公斤裝的四角形桶子。跟日本的契約一個月只有五百公斤，不像現在原料是一百萬噸。在這種規模時決定要做外銷，我自己就去調查，發現香港的價格雖然很低，但是市場很大。那時候我的規模雖小，但「變動成本」、「固定成本」的觀念，已經在我腦海裡了。奇美能夠忽然間大起來，就是因為改變了這個觀念。

一般來說，「固定成本」加上「變動成本」，就是所謂的「成本」。原料成本全世界差異並不大，但是你若產量少，變動成本一定高。我四十幾年前就認為，如果針對外銷，變動成本打平就可以了。也就是說，只要變動成本可以cover，我就賣。即使外銷的價格只夠我回收原料成本，也無妨。

如此一來，我就很有競爭力了。

這個觀念讓我在香港的市場整個打開，一個月多了五噸。這一來，從兩噸到七噸，我的固定成本就降低了。再來，原料從買兩噸到買七噸，價格自然也不同，因為我可以拿到折扣。也就是說，原本我沒有打算賺外銷的錢，結果卻賺到了，因為不管是固定成本或變動成本都下降了。奇美最早期的發展就是從香港市場來的，靠的就是壓克力。

實在說，做生意的人都會打算盤。買兩噸跟買七噸，一定是買七噸的競爭力比較高，這種理論也不需要實驗，一定是對的。不過，一般人不會接受用原料成本賣出去的觀念，但當我要擴大市場時，就會這樣去想這件事。

就是說，一樣都是打算盤，看你是要用小算盤還是大算盤。困在小局面裡，算盤再怎麼撥還是那樣。但是若從大局面來算，賣多就是power，而這個power，就可以換成利潤。

28

研究出來的是「製品」，市場能接受的才叫「商品」

一般來說，一個產品能上市，一定是研究室的人認為這產品各方面都很完美，他們才會推出。但是我們一定要知道，這是「製品」，不是「商品」。要市場能接受的，才叫「商品」。很多人都沒發現一件事：有時候，市場不一定接受「比較好」的東西。這就造成了製品和商品之間，有一個距離。

做技術的人做出來的東西，往往是完美無瑕、不會故障的東西，他們通常不會完全站在消費者立場來想，只想著自己要做到最好，追求專業上的完美。這樣生產出來的東西，叫做製品。

但是，商品是從市場角度來思考的。消費者需要的是價廉物又美的東西，心裡想的是：「我用三年就想換了，你為什麼要給我保固一輩子？」所以，好的經營者會針對這樣的需求而生產，這樣做出來的，才叫做商品。

奇美的成功，就在於我做出來的是「商品」。

「壓克力」這三個字，是我去中央標準局登記以後才誕生的，以前一般叫做「不碎玻璃」。所以，台灣第一個生產壓克力的人是我。這也是後來業界稱呼我是「台灣壓克力之父」的原因。

這個技術，是我到日本學來的。簡單來說，是兩塊玻璃中間灌樹脂進去，MMA（單體原料，甲基丙烯酸甲酯）一加進去就很接近乳白板，玻璃每灌一次就要洗一次，然後做出透明度很好的塑膠板。

這種塑膠板拿來做什麼用呢？一開始，是飛機的擋風玻璃、座艙罩在用的，但是飛機的使用有限，成本也高，所以壓克力一直到戰後才慢慢普及，成本才開始降低。後來，一般建材裝潢也在用，廚房浴室也在用，招牌也在用，做麻將牌也是靠這個，用途非常寬廣。不過當時國外的製造商，還停留在壓克力是飛機才用的概念，我奇美賺錢就在這裡。他給的高價格，就是我的利潤。

從商品來思考，也讓我們研發出新的製程。

因為當樹脂灌進玻璃以後，玻璃就得洗很乾淨，前後要洗七次。就像一個人，一個禮拜七天，天天洗澡。當時，國外製造的製品就是這樣，所以它的品質非常完整，Monomer（單體）殘留比較少，成本也高。但是單體殘留少的，接合性比較弱，譬如在香港，做成的麻將牌一摔就碎掉。

如果要接合性比較好，就不能洗那麼多次。我對廠裡的人說，你每天洗澡是很好，但是你一禮拜洗一次也不會怎樣啊，對不對？歐洲人就是很少洗澡，才發明香水啊。若一個禮拜洗一次，浴桶就不必天天洗，水和肥皂也較省。我們先來試試看一個禮拜洗一次，若太太不會念，這樣我們就可以省下很多麻煩了。如果不行，我們再變成四天洗一次看看，一直試到只要太太不嫌為止。

於是，我們就實驗把製程縮短。這一來，我的產品單體殘留的確比較多，但是接合性反而比較好，做成麻將牌就不容易摔成兩張，成本又便宜，所以市場反而需要我這樣的產品。那時候我們外銷香港的量很大，因為香港的壓克力市場，主要就是用來生產麻將牌。

我算是做商品的人，不是做製品的。奇美的發展剛好就是製品、商品這兩者之間，在這裡面讓我賺了很多錢，帶給我很多機會。

29 客戶會倒你，是因為他覺得你不重要

我早期做的奇麗板幫奇美賺很多錢，那也是很精采的一段故事。

做壓克力跟ABS，奇美在台灣是第一家。做奇麗板，之前倒是有很多人在做。我的門市慢了人家很多年，可是我做之後的半年內，就拿下台灣的六成市場，講來這是相當不得了的事。

這裡有技術的突破，也有販賣觀念上的突破。

奇美最早期的成功靠的是壓克力。之後我想，井不能只有一口，要多挖幾口才行。於是我觀察，當時台灣的建築與建材有一個movement，有個剛要成長的時機。

通常當市場正在成長，進去只有賺多和賺少的差別而已，賠錢的人很少；市場在飽和的

時候，則是賠的人多，賺的人少。這個道理人盡皆知，差別就在於，你最後是進去會成長的產業，還是飽和、正要走下坡的產業。

當時台灣光復沒多久，有一句話是這樣說的：「都市計畫要起厝，娶某要做燙司。」「燙司」，就是早期塑膠板製成的衣櫃。那時候大家蓋房子都用奇麗板，不像現在是用高級建材。我看到這個需求，就決定投入奇麗板，因為這是建材，而且市場比壓克力更大，更具普遍性。

「燙司」的作法，是在紙上面印一些花紋，再把紙貼在合板上，然後加一些樹脂。在我做之前，台灣已經有五、六家在做，包括永豐、源泰利，還有一家全台第一的林商號。林商號從前是很紅的，可說是呼風喚雨，比台塑還要大；相形之下，我是「新進人員」，從塑膠加工來的。我的股東就問我，人家林商號是自己在做合板，永豐是大財閥，我們要怎麼拚？

我是不怕這些啦，因為我覺得有市場。我就想，我的優點跟他們比較起來如何？

我去查了這些對手是用什麼方法生產的。我發現，他們都還停留在手工階段，於是我就想如何把大量生產的技術引進台灣。我先去找一個台大的來幫我做研究，但不是很成功，最後我決定自己跑去日本，自己學。當時如果有技術我都自己去學，我是黑手出身的技術者，我知道這樣一來，技術一定會比別人好。

接下來，是材料。材料裡占很大成本的，就是那張印刷紙，當時進口稅是百分之百。所以我就去找一家從大廠跳出來的小廠，他剛好在我籌備時來找我，我就問他，你打算在台灣賣多少？他說，他只要有一萬米就很滿足了。我就說，好，我跟你買兩萬米，我把你包下來，你不用再跑客戶了，但是你一定要比其他廠便宜百分之二十給我，而且你的東西不可以賣別人，因為你原本全台灣只要賣一萬米，但我已經用兩倍把你包下來。他也答應了，只把東西賣給我。

這是紙的部分。再來是合板。我的條件當然也比林商號差，因為他自己生產。但合板占全部成本不到百分之二十，所以我就跟股東說，即使他的東西便宜一半，我也還有競爭力。

剩下的是合板上面的樹脂，這我也到日本去跑、去找。我都是跟日本人這樣講：價格多少不重要，重要的是你比人家便宜多少。你一定要比台灣賣的便宜百分之十，而我一年可以吃下你多少量。實在講，當時我還沒能力吃那麼大的量，但是沒關係，契約打了也無妨，日後要來吵再打算。

但是，做出來以後要怎麼行銷？那時候負責販售的是廖董，出去都碰壁。因為當時規模大的廠商都有代理商，可是代理商都會要求你一個縣市只能獨賣他一家，但他卻可以代理很多家。所以我決定改變策略，去研究誰是真正的客戶。

我發現，是做裝潢的。於是我就跟廖董商量說，我們直接拿去賣給裝潢業者。

我們也發現，其實真正的買主也不是裝潢業者，是要結婚的人，而且他們在做決定前，都會先看樣本。樣本通常都是一塊一塊，小小的。我認為這個很關鍵，就做成別人的四倍大。我還找來一個日本的漫畫，畫著一隻牛撞到牆壁，牛角都掉下來了，意思是我們的產品很堅固就是了。

奇美那時候剛買了一部新款轎車，當時全台南市恐怕還不到五部。我就說，車子我也用不到，你就拿去載樣本，把它掛在所有裝潢店裡，就可以了。這樣一來，客人看到我們的樣本又大又漂亮，就會要求要做這個；等這些裝潢業者去找代理商時，代理商說他沒有奇美的產品，裝潢業者就會抱怨說，奇美的東西有多好。

當時為何流行找代理？就是因為這些做裝潢的都沒錢，都會倒。貨賣出去了，錢卻收不到，所以林商號他們都得找有錢人來做代理。可是，有錢人不做事，都是沒錢的才會去衝。我就跟廖董在算，若賣兩件被倒一件，剛好是成本；若賣三件被倒一件，那還有賺。

所以，不管怎樣都可賣，反正我們已經做好準備要被倒三分之一了。

實際賣了以後，我們發現被倒帳的比例不到百分之五。客戶會倒你，是因為他覺得你不重要，可是奇美的東西有競爭力，好賣，沒有人願意輕易地倒我們的帳。

倒帳的問題是這樣，若你真的整年都沒被倒，那才是有問題。那表示你害怕去賣，保守，所以販售成績一定不好。

就因為這些作法的改變，短短半年不到，台灣的奇麗板市場被奇美拿下半壁江山。

說到這裡，故事還沒結束。因為，當時紙的稅金實在太高，我就想，紙應該自己印。但那是很高的技術，永豐化學的何壽山是從他父親時代就進口一台機器，然後一邊做紙，一邊自己在研究的。他們就說，連永豐都印不出來了，我們哪行？我就說，沒關係，我有辦法！

我的辦法是什麼？很簡單，就把日本的機器、印具、板子、技術者統統找來，這樣就一模一樣了，電插上去就可以了。

永豐是自己做紙，我是把所有的東西都從日本搬來，只有電是台灣的。我就跟廖董說，這比印鈔票還要好賺！

所以，奇麗板是奇美早期很重要的產品，因為這些觀念跟技術的突破，也賺了很多錢。

30

別人是商業資本思想，我是工業思想的販賣

在一件事情剛開始時，我天生就會去想，這事情未來會如何發展。佳美貿易就是從這個對未來的想像中誕生的。

奇美塑膠廠當時也請了三、四十人，要關廠時我就建議說，這些機器反正也賣不了多少錢，不如半送、半分期付款，讓裡面的師傅可以生活。我當時就在想，這些人若出去開工廠就都是我的客戶，我可以進口一些塑膠來讓他們加工。

奇美的壓克力發展到一九六二年的時候，已經打出天下，差不多一九六三年以後合板也做得很好，販賣的量都越來越大，原本一個外銷貿易課已經忙不過來，我就想要產銷分離。所以

我在一九六七年成立了佳美。早期奇美的行銷，完全是由佳美在負責。後來我拿下日本三菱商社的台灣總代理權，就是交給佳美的。

三菱商社是日本戰後最大的商社，當時在台南一個既沒有名氣、又沒有基礎的人，要拿到三菱這種世界大廠的塑膠總代理，可以說是天大地大的事。

戰後三菱在台灣的總代理是屬於「上海時代」，都是一些移居台北的上海人在掌握。但是我把三菱的塑膠、材料、化工品那些代理權統統拿過來，讓佳美變成三菱塑膠的台灣總代理，還從外面拉了許瑤華到佳美做副總，他是當時國際貿易蓋有名的人才。這段歷史，有些佳美員工還不知情。

現在的代理權可能價值不大，但在三、四十年前，代理權就是黃金，要拿到總代理是很不容易的。

我是怎麼拿到的？

我靠的就是觀念。別人是商業資本思想，我是工業思想的販賣。

我跟三菱的人說，台灣的確很多人在賣你的東西，可是，這些人都是商業資本的思想。什麼是商業資本思想？就是買多少就賣多少。有貨就賣，沒貨就沒辦法。

但若是工業思想的販賣，就不是如此，而是：你有需求，我就有供應的義務；而且不僅買賣，還要有技術服務的義務。

我跟他們說，那些上海人，有我這些條件嗎？我已經有一個販賣網，而且我本身就是技術出身的人，過去我自己也在使用這些塑膠原料。

除了我的理論很有說服力，當然我的日語也是很好的，我也真的有工廠，只是收起來把設備給別人，然後一間變成了十間。那些從我塑膠廠出去的師傅，就是我的販賣網。

事實上，在東京的他們也不知道這是什麼網。其實這只是三流的網，當然這裡面有我私人的交情，因為台南這十家是我輔導出來的，是我絕對的客戶；我本身又是技術者，現在又是技術服務的時代。Technical Service這句話現在講起來不稀奇，但在三、四十年前，是很罕見的。

在當時，我就是有這一套，所以我和日本商社建立起很好的關係，也為佳美賺了很多錢。

我在跟三菱交涉的時候，他們日本人有一句話。那時候我很瘦，個子小小的，他們就說：「許桑你一開始講話以後，整個人就一直大了起來，就感受到你的存在。」

我奇美不大，可是我的構想，scale（規模）都很大。我都會先想一個很大的構想，再來談這件事情。這是我先天的個性，小時候我父母就常說我吹牛，因為我都會說一些很大的問題，別人就會說是在吹牛。

31

灌香腸，不用自己養豬

我的ABS做到世界第一，那是很痛苦的世界第一。這書如果要寫，這正是精采的地方。企業要做到世界第一，得有幾個先天條件。第一，要有大的市場，例如美國，美國奇異（GE）公司世界第一不稀奇，因為它有很大的市場。第二，要有原料優勢，例如沙烏地阿拉伯做PE（Polyester，聚乙烯），因為它挖石油，原料幾乎是免費的。第三，還要有便宜的勞動力。

可是，這些條件我一個也沒有。講市場，台灣比美國小太多；講原料，我得從美國運到高雄再運過來，到現在我大部分原料也還是要從美國來；講到勞工成本，我們也不是說很低，所以也沒這方面的優勢。何況，我既沒有政府補助，也沒有銀行背景，家庭也沒什麼特殊關係。

這些條件都沒有，但是我ABS可以做到世界第一，都是從頭腦裡出來的。在ABS產業裡，我最大的資本，就是在「做生意」。

石化產業是戰後才興起的，戰前即使有，規模也很小。以前沒有電子產業的時代，石化產業就是全世界的生產龍頭。這個產業是從原油提煉出不同產品，主要是汽油、再下游的輕油、再下來的乙烯丙烯，再來才是PE、PP（聚丙烯）等等。就好比一頭豬，你宰殺以後，豬肉多少、豬油多少、豬皮多少、內臟等等，都是固定的。所以你生產的規模，是從一開始多少汽油要生產多少萬噸，最後製品的數量就決定了，五萬噸就是五萬噸，無法再提升了。

過去，全世界就是這樣在處理石化業的。先看要處理幾頭豬，再來談規模，這是全世界的潮流。所以全世界的石化業一定都是自己煉油，要生產ABS，都是從上游整體規畫到下游。上游有多少，下游才有多少。

打破這種潮流，就是從我開始。我把這樣的產業鏈流程給切開了。

奇美是第一個完全沒有跟上游連結的。我直接跟輕油裂解廠拿原料，而不是自己蓋石油廠去煉原油。我認為只要有港口，就不需要照原有的模式，而是從全世界拿原料來做。這個思想沒確立，你沒辦法做很大。

這就是我「灌香腸不用自己養豬」的概念，我們應該是買豬肉來灌香腸才對，這是我第一

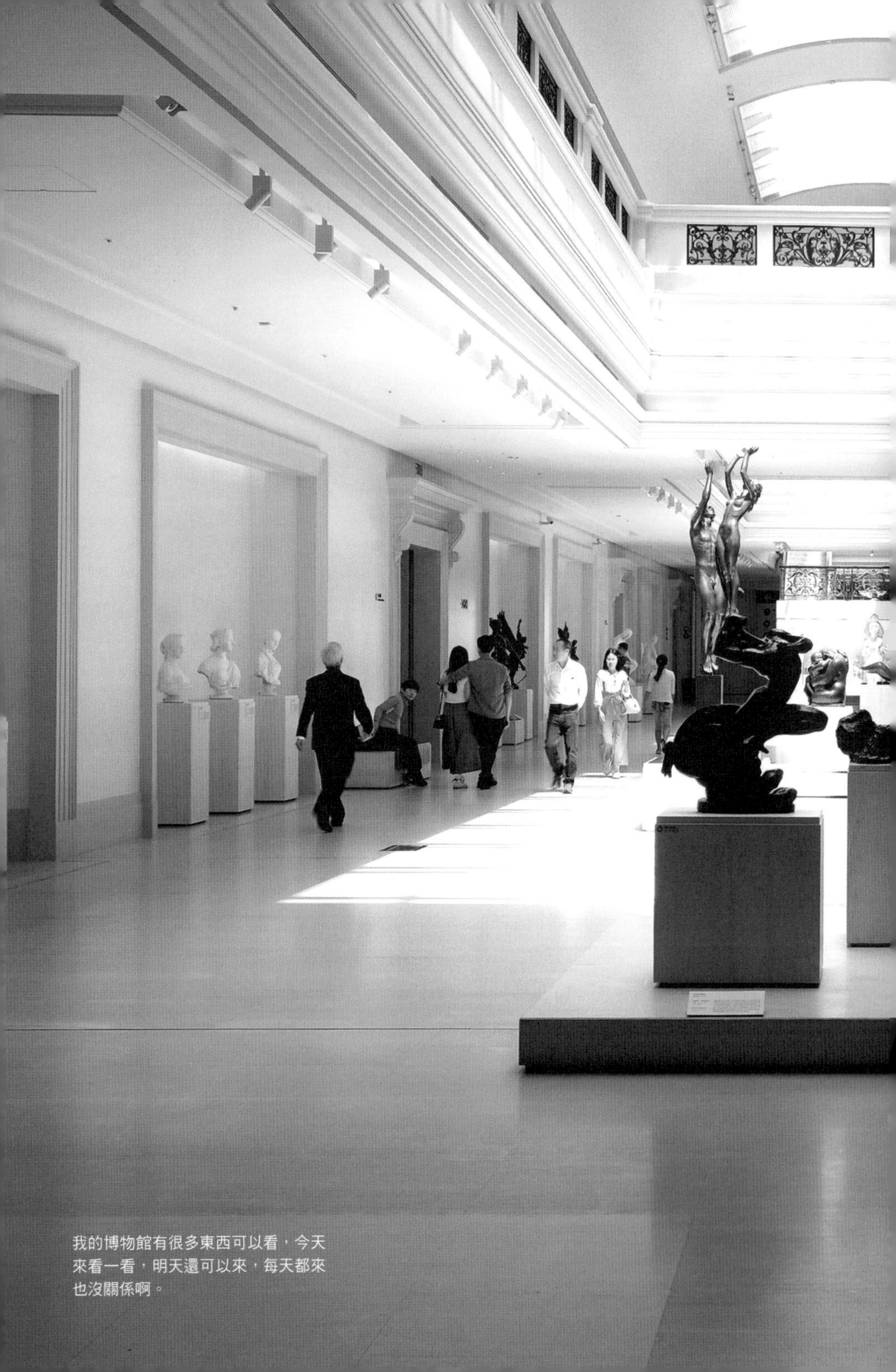

我的博物館有很多東西可以看，今天
來看一看，明天還可以來，每天都來
也沒關係啊。

個成功的地方，所以我的規模一直大起來。因為我八成的原料從全世界拿，八成的東西賣到全世界。

我認為，雖然發展石化需要煉油，但是也要看這個國家的環境問題跟自然條件。像美國、歐洲或者是澳洲，人家是寬寬闊闊，有港口，有很大的土地空間，當然沒問題。但台灣或香港、新加坡這種小國，絕對不可能用這種方式。養豬（煉油）一定會有污染，但是豬屎（污染）一定得是能夠承擔的國家，而台灣不是。

奇美就用這樣的經營方式。也因為這樣，讓我發大財，讓我大成功。

32

我重新制定了生產規格，我是「99元吃到飽」

奇美第二個成功的地方，就是我重新制定了生產規格，把ABS產品標準化。奇美能成為ABS世界第一的大廠，就是從這來的。

我們在一九八三年自主技術研發出來的757，是一種泛用級的ABS，品質好、用途很廣，今天在國際上，已經等於是ABS的代名詞。

ABS的原意，是指工程塑膠，這個東西最早是飛機、汽車在使用的，我們叫做Custom Grade——訂製級工程塑膠，依照廠商的要求來訂製，所以數量少，賣價貴。比如一台汽車，雖然造價高，可是裡面ABS的成本卻占不到百分之一，因此製造大廠會跟你買。

Custom Grade另一大特點就是需要推銷，所以行銷費用也很大，雖然一百塊錢的東西可以賣到兩、三百，可是營業費用也會增加兩百塊。所以就形成說，這是很昂貴的東西。

再來，也因為是Custom Grade，客戶若要用，你就得配合客戶的需求幫他做一個模具，再命名成幾號材料。這等於是一個客戶一個配方，技術部門也容易一團亂。但因為售價高，划算，所以一般廠商都要有兩、三百個模具以上，你的生產線也要有一、兩百條。

簡單來說，過去的ABS就是樣多、量少、價格高、技術服務也高，四個特色。

我的著力點就在這裡：我要打破這個觀念。

因為我發現，當ABS的運用慢慢普遍，變成電話也用、洗衣機也用、電冰箱也用，日常電機製品幾乎都用得上的時候，ABS所占的成本比例就提高了。當成本比例一提高，廠商就會開始計較ABS的售價問題，不再像過去只占成本百分之一時那麼不計較賣價。

我認為這樣的時代快要來了，所以我要走自己的路。我不再是你過去習慣使用的規格，我要做一個大眾化的、標準化的ABS，Standard Grade的ABS（通用級塑膠），用途可以很廣，可是很便宜，產量也大。

這就是我的發明——把原本很高級的東西，變得很便宜。我只有三個模具，但光這三個就可以應用到百分之八十的產品上。至於更多技術上的服務，我就不再提供，不像餐廳讓你點菜。

當兩、三百種模具縮減成三種，就改變了產品規格。我也變成可以自動化，連續生產。也因為大量生產，品質就穩定，對客戶來說，他可以用在比較次要的地方，價格也便宜。

我的ABS可以比別人便宜，技術突破扮演很重要的角色。但實在說，那個技術不是我最早發明的，日本研究室也有人做出來，只是他不會應用，而我會應用而已。

ABS是三種材料的混合，一種是很韌的東西，一種很軟，一種很硬。最早的技術，是把三種材料同時混合，就是三種材料的特色都有發揮出來。後來，是日本先研究出把B跟S先混合，再加入A，但是日本並沒有發現這項技術的奧妙所在。

這就好像換種方式喝可口可樂，先用水等材料一起混合做成原液，然後依你口味的輕重，看要稀釋成一百倍還是八十比一。如此一來，製作上誰要吃什麼口味，就變成只是水加多加少的問題而已。製作簡單，成本又降低，奇美可說是世界第一個這麼做的。

也就是說，研發是全世界都在做，但做法最成功的是我。我從日本聘請一位研究者過來，讓他專門研究這個，所以我的成本會比別人便宜。這就好比用飛機攻打艦隊也不是日本最早想到的，但日本人卻是第一個在二次大戰中實行這項戰略的國家，所以戰爭初期才會占上風。

不過，若只有這樣，也還不能做到世界第一。

生產規格的改變就像是產業革命，你忽然間做這麼大的革命，當然沒有人要買。所以，產品開始推出的時候，我的行銷策略也跟著配合轉變。我是不談價格的，你先用再說，反正我會比別人便宜，讓你可以賺錢。這就是轉變，否則我既沒有市場優勢，也沒有原料優勢。

我從初級的市場先打起，例如香港與東南亞，因為競爭很厲害，所以聽到原料便宜，他們就用了。然後，又遇上中國大陸市場正在發展，所以外國人只好眼睜睜的看我賣，因為他們還停留在二十年前的想法。

忽然間，我的訂單怎麼做也做不完。當全世界還停留在Batch Processing System（批次反應製程），一鍋一鍋煮的時候，我已經十萬、二十萬噸一直做上去了，做到一百萬噸。日本ABS有十家廠商，包括Mitsubishi（三菱）、Mitsui（三井）、Sumitomo（住友）等等，加起來的量也沒有我大。美國公司有夠大，但它三家公司，GE（奇異）、Monsanto（孟山都），和Dow（陶氏），加起來也比我小。

就這樣，我的產量從很小，變成世界最大的。一九八七年時，奇美ABS已經是世界第二；一九九〇年的時候，單一廠的總產能是世界第一；到了一九九四年，我們總產能已經成為全球第一名，訂單還繼續往上衝。當時，日本十家廠商一年總產能大約是八十萬噸，美國三家總產能大約是九十萬噸，但奇美是一百萬噸。那時候在海上，每三個貨櫃中，就有一個是運我的東西。

既然是大量生產，原料就會大量採購，我的成本自然降低。再來，我主要只有三個模具，生產一、兩百個跟三個，成本完全不同，技術部門的效率也更高。第三，還包括銷售系統的改變，我的業務費用、物流成本種種也都降低了。

過去台灣的石化產業，都是在北中南設有總經銷，底下還有經銷商；然後，每次都是一包兩包在叫貨。我也打破這個行銷方式，採取直銷政策，我不設經銷商，是把東西直接送到客戶手裡。所以，我的單位也從傳統的包裝變成了貨櫃，物流成本也因此降低了，低到我把貨物送到碼頭，看貿易商要買到哪裡，就整個貨櫃直接送過去。

這就是我做生意的祕訣，帶動奇美發展最大的原因。

33 土地是要用的，不是要漲的

一般公司是稱呼自己為某某「企業」，我創立奇美時會取名「實業」，有幾個原因。

第一，將來我要做什麼還不確定。一開始是做塑膠沒有錯，可是，我創業時就希望未來有較大的空間，若取名叫奇美塑膠的話，就只能做塑膠，做其他產品就不適合了。

再來，我是認為事業有虛業，也有實業，奇美要做的是實業。例如，炒地皮就是虛的，你自己大賺錢，但受害的卻是大眾。本來好好的土地一坪一萬可以買到，現在卻變成要十萬，九萬塊是被那些賣保險的有錢家族賺走了。然後這些人再拿你們投保的錢來炒地皮，本來一坪一萬的地價，他保費還你時已經漲到一坪二十萬，他賺了百分之九十五以上，所以當然有錢。但那是建立在每個人的目屎（淚水）、每個人的汗水上的利益。

所以我跟自己說，千萬不能賺這種錢。這種錢是艱苦人的錢。因為我知道，買保險的人到最後是拿也不值、不拿也不值的。但是拉保險的人很厲害，講到最後，你連頭都要給他了，真的。不過很多拉保險的人也做不久，因為親戚朋友總是有限，所以三、五年就得換工作。

但是，你看這些用保險金炒作起來的土地，台南市的地原本是以萬為單位的，現在卻變成以十萬元為單位，像那些百貨公司都是整片買去，你要如何去標？台灣的土地貴成這個樣子，政府為什麼不去關心這種問題？實在說，這對窮苦人家來說，是非常冤枉的事情。

土地是要用的，不是要漲的。

還有一項虛的，就是不動產。現在房地產在漲價，大家就說是好現象，就說是景氣好。可是，房子是要拿來住的，怎麼可以把房子當做投資的對象呢？土地價格要便宜，一般百姓才買得起房子。像現在台灣的國民所得這麼高，可是你有辦法買一棟有庭院的房子嗎？絕對沒辦法！那都是以千萬元為單位在起跳的，但是你若去過美國就知道，只要美金三十萬左右，就可以買到一間有庭院的房子。

現在社會上很多人很可憐，房價一直漲，你普通人再怎麼賣力工作，也買不起一間房子。若非父母有錢，或者靠貪污，否則已經很少有人買得起透天厝了。但是有錢人卻到處買房子，一棟一棟的買，四處買，他自己不住，也沒有要出租，白白讓蚊子好康，住免費的。

這種事情很多，這真正是國家的損失、社會的損失，為何都沒有人站出來講話？你看，報紙都在報房地產漲就是好事，都沒去思考土地漲成這樣，到底受害者是誰？這些問題都沒去考慮。

所以我是認為，這種社會已經不正常了。

透天厝要三、五百萬以下，一般家庭才買得起，才是正常社會應有的樣子。現在我們反而認為正常的社會是不好的，要不正常的社會；要股票漲到已經離譜了，不動產也已經炒到離譜了，才說是好的。台灣社會對這樣的現象不覺得奇怪，我真的感覺很奇怪。

由我這個觀點來看，金融業也沒有創造出有附加價值的產品。香港和新加坡是吸收外國的資金來做金融，這是可以的，因為它們吸引的是國際資金。可是，你若只在自己國內的小範圍，靠著彼此的錢搬來搬去，錢滾錢、利滾利，這種作法並沒有創造出有價值的物品。所以我認為政府應該冷淡對待這種行業，不該對它太好，也不需要說它的地位有多高。

這就是說，「虛業」的定義，是指這個產品再怎麼炒也是這樣，本質都沒有變，只是從十元變成二十元而已，它並沒有創造出附加價值，這叫做虛業。

相反的，「實業」就是你依技術製造出來，可以創造附加價值的產品，而一般人也享受得到實業發展的成果。例如奇美，我們就是買國外的資源，把原本一百塊錢的原料用我們的技術生產或加工以後，變成兩百塊賣出去，這其中差額的一百塊就是我們在享受，但消費者也得到他所需要的產品。

企業對人、對社會的貢獻，是我很重視的。若在這個範圍內，做什麼都沒關係，做任何產品都可以是實業，我的價值觀是這樣。

台灣做實業的人很多，政府應該對實業的產品多加鼓勵。至於那些空的，就應該對它冷淡些，譬如拿別人的錢來炒地皮、被害者都是一些窮苦人家的行業。至少政府也應該出來講良心話，要他們不該從事這些行為。政府若有出面講，人家才會知道原來是這樣。但我從來不曾看過報紙或政府出來，為這些被害者講公道話。

34

炒股票，是全世界最合法的搶劫

若企業純粹以賺錢為目的，股票上市不能說他錯。但我們若把企業視為人生追求幸福的一種工具，那麼炒作股票，問題就大了。

股票一上市，通常股價都會被炒得很高，這樣一來，買股票的人就會期待兩件事：一個是股票繼續漲，一個是投資報酬率。但是事實上，股價炒得那麼高，投資報酬率就絕對不會高；接下來，就只有期待股價繼續漲了。

可是，股價有可能一直漲嗎？

有漲，就一定有跌，就會讓很多人失望。所以我討厭炒股票的人，奇美實業是採取股票不上市的公司。我們的吃穿明明已經足夠，有需要去騙大眾的錢來花嗎？

實際上，上市公司有一半的動機是在騙大眾的錢來花的，所以很少人在講業績如何，都是講「景氣好，所以股票會漲……」。這就是在賺股票的差價，大家都在賭博嘛。所以我就說，炒股票是全世界最合法的搶劫，這完全是不對的。

我並不是說股市跌、房價跌才是好。我常講，股票若跌，投資報酬率才會高起來；股票若漲，投資報酬率就越低。

但現在電子業的時代潮流是，技術者會期待股票上市可以賺錢，你若不做這個環境給他，沒有人願意來，這也是不得已的。

所以我在奇美電股票上市時，就宣布要退休。而且我跟他們說，我們會盡力讓利潤多一點，但我不炒股票，你若要賺這種「機會錢」，到時候虧本是你的事。

有一度，我也發覺股市有一個奇怪的現象。譬如過去友達和奇美電的股價有一段差距，我就發覺，這個差距並不是反映實力，不是反映我輸他多少。實在講，我沒輸他那麼多，但他卻成了股市中的明牌。從配股的角度來看，買我的股票可以分比較多，但只因為他是明牌，所以他在股市賣得比較值錢——不是他投資得到的利潤比我多，是他賣的時候比較值錢。也就是說，股價比較高，不是因為這間公司比較賺錢，這實在是一件怪事！

35 台灣已經到了「第三塊麵包」的時代

大家經常在說，經濟發展和環境保護是相互對立的；也就是說，經濟發展會造成環境污染，帶來環保問題。

我的看法比較簡單，就是馬克思講的「三塊麵包論」。

什麼是「三塊麵包」的理論？這是馬克思說過的非常偉大的話。他說，對一個餓得半死的人來說，吃到第一塊麵包可以維持他的生命，所以第一塊麵包是性命，不吃會死。到了吃第二塊麵包的時候，他慢慢會品嘗到麵包的味道，帶來飽足的幸福，所以第二塊麵包是快樂。但是第三塊呢？原本已經很飽的人吃到第三塊麵包以後，就會撐死！所以，第三塊麵包變成了毒藥。

經濟發展，就是如此。

在台灣人都很貧困的年代，當務之急就是發展經濟，就像一個飢餓的人看到麵包一樣，只能囫圇吞棗，就算污染環境也是必要之惡，因為這時期最要緊的就是填飽百姓的肚子。可是，若大家都變得有錢了，吃穿都沒有大問題了，就有必要去檢討是不是要繼續漠視環保下去。因為再下去，台灣就不適合人住了。

我們來看，過去高度經濟成長的結果，一般民眾有比三十年前更容易買到房子嗎？

我們吸進去的空氣，有比以前更乾淨嗎？

我們的河川溪流，有比以前更清澈嗎？

如果答案都是No，那麼，經濟成長帶來的到底是好，還是壞？

我記得，小時候沿著鐵路從台南到高雄，只要下雨，沿線的排水溝裡都是魚。現在呢？鐵路邊的排水溝都是黑的，可見，環境被破壞的程度有多厲害！可是政府到現在還是一直強調經濟成長率要五％、要六％。

台灣社會，其實已經非常富有。只看表面經濟數字是不準的，台灣已經走到第三塊麵包的時代了。企業和環保的關係，也是人和環境的關係，就應該求取平衡，才能永續發展。

經營博物館，去蒐購藝術品，在我來
說，都是歡歡喜喜在花錢，錢就是要
換成幸福，才不會是毒藥。

以石化業、鋼鐵業來說，它占地大，能源耗損也大。除了香港和新加坡，台灣也是世界上人口密度相當高的國家，我們寶貴的資源不能再這樣使用下去。我們到美國投資產業，任何東西取得都很容易，就是二氧化碳的排放配額很不容易拿到。歐洲更嚴格，歐洲現在已經通過很多產品的環保規章，因為全球暖化的問題，已經非常嚴重了。

所以，我認為政府實在不該再鼓勵高污染、高耗能的產業。

能源的消耗只是改變物體的形狀而已，你廢棄物再如何處理，多少還是對環境造成負面的影響。政府應該開始教育百姓，未來二十年經濟成長率若有個一%或二%，也不錯了，經濟成長與環境品質的改善要協調才好。

我是從三、四十年前，就抱著前面講到的「灌香腸不必自己養豬」的觀念。我是切斷產業鏈中污染最嚴重的原料生產，去買全世界最有利的原料來灌香腸。所以，我過去做石化，沒有上下游產業一定要整合的觀念，只做附加價值高的產業。現在，高附加價值的產業就是電子業。

過去，奇美實業的環保標準一直高於政府，我們排出去的水都很乾淨。已經做了三十幾年，做到你水可以喝，實在是很好的，花了很多錢。我也曾經為了黑面琵鷺，放棄一項開發計畫。當然，不只是為了保護黑面琵鷺，因為溼地裡面不只有一種鳥類而已，我主要是為了保護溼地。如果黑面琵鷺需要這塊土地，我絕不願意去侵犯。

我一直很在意的是，奇美到底要留給後代子孫什麼？所以，現在南科我們也正在推動「樹谷園區」。這個園區拿到全世界任何國家，都可以展示。政府已經正式跟我們簽約，委託我的一間公司——聯奇，做南科樹谷園區的管理機構。

這是一個長久的計畫，營運期有三十年（從二〇〇九到二〇三八年）。所以，你若去看樹谷的土地規畫，它就好像一座大型公園一樣，我們要種十萬棵樹，會有生態池、滯洪池、生態牆，完全是用環保的意識來建築設計。你們有去現場看過嗎？未來還會更好，裡面會有生活館、音樂廳、幼稚園、商務旅館等等，公園很大。裡面的活力館剛建好那年，內政部就頒給我們一個綠建築的鑽石獎——「台灣EEWH鑽石級綠建築標章」，這是最高級的榮譽。運動休閒中心得到這項環保榮譽，我們也是全國第一！

為何我可以做到這樣？因為我已經有那個能力，可以幫忙這個園區裡經濟條件較差的廠商來做環保。政府應該把我們園區在做的事拿出來讓更多人知道。

我覺得企業和環境應該要能夠互惠、雙贏。

「樹谷」這個idea，是我想出來的。幾年前剛好有一回縣長來，那時候我跟他提到面板未來會有大發展。我說，這個產業物流非常重要，就像你進去一個菜市場，賣魚、賣肉、賣菜、水果、小吃樣樣都有，來才會方便，因此若要這個，就要先做一個園區，而且土地要大，四、五百甲才夠。縣長就說，那我們一起來做。所以我們這個「樹谷園區」，是全世界頭一個，後來Samsung（韓國三星）和日本才學我們。

我覺得，未來的產業就是應該這樣才可以，對社會要有一個責任。你企業存在的目的若只是追求錢，成本確實比較省，但只有這樣是不行的。實在講起來，台灣的環境已經被破壞得相當嚴重了，企業對社會應該有一個責任。

另外，我要提醒那些一心只想賺錢的人：「錢是要用的，不是要省的。」這樣，社會才比較好。我常在說，沒有一個經營者會只為了環保，少賺到讓事業無法生存的地步，或是能生存、但是沒有競爭力，這是不可能的。一定是我可以生存，只是我原本可以賺一百萬，但為了環保我少賺一些，賺八十萬。選擇對台灣比較好的方式，這是做得到的。

第三塊麵包是毒藥，我覺得現代社會一定要認識這個事情。若可以這樣，錢還是可以賺，但也可以順便做出一個好的自然環境。

36

讓員工全心投入工安，降低危險的發生

奇美的工安，在台灣可以說是排第一的。

員工若可以全心投入工安，就可以降低危險的發生。尤其我們這種工業，是最怕危險的。工安事件少，無論是形象或產能各方面，都會有所幫助。

我們的作法，都是從實際問題來著手。譬如地震，一九九五年阪神地震發生的時候，我們就派一組專人去日本學習，觀察地震會對工廠造成怎麼樣的影響、要怎麼處理最有效等等；至於工安，就是跟外國他們去學習，看看工安要怎麼做。

我過去也請世界知名的石油公司來指導，因為他們比我們還重視工安，標準跟經驗都比我們台灣高，而且我是他們的客戶，利害關係一致，所以我只要打一通電話過去，他就會派一組專家來幫我檢查得仔仔細細的！這也是為了他們自己的利益。做到現在，你看，反而是石油公司都得來奇美取經。

所以差不多從一九八九年開始，奇美就獲得無數的環保、工安獎項。我們有正式編制的專業消防隊跟最先進的消防設施，很專業的至少有五人，他們每天都在研究這個；另外，有四十四名員工是任務編組，每天都要隨時輪班待命。全廠員工都接受過消防訓練，每個月都要舉行一次油罐車翻覆事故的演練。

大家都知道我很不喜歡開會，但是有一個會議，我一定參加，就是奇美每個月的環安會議，這個會議是很重要的。我就對他們說，我對環境安全的預算沒有上限！不算土地跟人事成本的話，光是工安跟環保，一九八三到一九九九年就已經投資超過二十一億了。

所以我們的消防設備實在是一流的，很齊全也很專業，已經有名到平常鄰里若發生火災事故，都會主動找我們的消防隊去，我們的人就會去救災！所以我們的消防隊也主動投入民間救災，到目前為止，早幫助超過三百次了。

37 要尊重生態，先了解自然，再去做加減

美國的老羅斯福總統很喜歡鹿，於是就下令禁止獵鹿。

不久之後，鹿果然增加了許多，可是接著卻反而大量減少。調查以後才發現，原來，鹿的數量和食物之間原本平衡的生物鏈被破壞了。鹿原本是吃樹葉、吃草就夠了，可是鹿變多了以後，不得已連樹皮也得吃。可是樹皮被吃，樹木就會枯死，樹葉自然就不夠吃了。所以到最後，鹿的數量反而比被保護之前還要少。

這意思是說，在對自然下手之前要非常小心，要懂得尊重生態。

我經營事業的第一個重點，就是尊重生態。先了解自然是怎樣，再去做加減。生意上，一定會有個廝殺的對象。可是學校教你們的，通常就是要你寫計畫書，考慮市場、技術、資金，再從市場的需求來決定規模要做多大、售價要多少，設廠則是選在勞力密集、工資低的國家，若需要資源就去產油國旁邊⋯⋯。這就是學校所教你們的，根據這些去做思考，一項項去做。

這樣做，不是不好。可是，若只會這樣思考，要接受我的想法就會很難，因為整個流程、格式都已經固定在你的腦海裡了。

我的事業開展，跟讀書人不一樣的地方，就是我們被環境所訓練出來的直覺非常快，也很實際。因為我生在台灣，在台灣這個環境裡為了要賺錢，就要看看什麼比較好賺。人家說塑膠好賺，就跟去看看塑膠到底是在做什麼，從它的產品去判斷可不可行。我在這種環境下成長，自然會得到一些跟書本上很不一樣的東西。

所以別人會問說，我怎麼可以這麼悠閒，又可以做這麼多事？其實，我一個人的時候，通常就是用一張紙，想著要怎樣去計畫，我做的只是加減的功夫而已。

如果說，每訂一條法律，都得從憲法開始，那實在會做不完。譬如奇美投資TFT-LCD，若還要從頭做起，又是市場評估、又是技術資料，那你搞三年也搞不好。

可是，若以生態的角度來看就簡單多了，別人可以做，我們自然也可以做，問題只是：「你能不能做得比別人便宜」而已。要做一個事業，你首先要會思考：你什麼地方贏人，什麼地方輸人。

舉例來說，我的勞工工資就輸大陸，但是贏美國。那原料呢？從原料、製造技術、規模、販賣種種來想，你與別人的不同之處在哪裡？你是占優勢，還是劣勢？這個表一出來，我就可以判斷這個事業可不可行。

一旦決定生產某項產品以後，比如說，我在做桌上這個茶杯，那大家都是競爭對象，工資、設備都差不多，做起來的成本都一樣；若你拚、我也拚，拚到最後就是你倒了、我也倒。

在條件相同的市場中競爭，我都會去想：我要怎麼贏你。第一，要如何先讓製造成本降低。你做一萬個，我也做一萬個，那我會先去研究若我產量多兩倍，到底會變成怎麼樣？從原料開始，我會跟我的供應商共同研究他的成本如何降價，我絕不會隨便出價。接下來，假設我的產量變成兩倍，我若改用鐵路運輸，從材料商送到我這裡，計算起來可以減少五十％，運費變一半，我就贏你這裡。如果贏了你，我就可以跟客戶說，別人若賣一百塊，我一定是賣九十八；別人賣九十八，我一定是九十六。所以，大家來比比看呀！如果是這樣，你要如何贏我？無法贏我啊，因為這件事情，我是經過研究跟計算之後才做的。

實在說，企業家就是頭腦要很好，一定都要思考這些事情，同樣的條件下，我要怎麼贏你。我做ABS就是這樣成功的，我跟美國廠商說，你跟我簽十年的合約，你的東西絕對是我跟你買，那中間省的錢就是大家對半分。所以你看，日本的廠商說，我是全世界最好的客戶。

第二，一般做評估時，都會考慮市場供需未來五年、十年的狀況。可是，我都不考慮這些。做三年生意，一定是兩年一塌糊塗，一年大賺。只是，別人若是賠三年，土土土，而我只有「土」一年，那我就贏過去了。所以我們經營事業的第二個重點應該是：我有沒有辦法比別人少虧一點？

不管什麼行業，好賺都只是短期間，到最後都得拚得死去活來。所以問題只剩下，在那個競爭最激烈的時候，你能不能生存而已。

如果別人困難三天，而你只困難兩天，這樣就OK了。

奇美進入電子業的時候，我常說這個「嘴與鼻子理論」：水若只淹到嘴，你還能活；但若淹到鼻子，你就無法生存了。那你如何能在別人已經淹到鼻子時，讓自己只淹到嘴？

這樣想下來，scope（範圍）就很小了。

第三，戰爭一定是指揮官到現場去，才可以看到地圖上看不見的東西。哪邊有山、有海，應該要如何如何，這樣才會準。所以對於幹部我只有一項要求，就是你指揮官一定要去現場看，這就是我常講的「現場主義」。

我雖然是很懶惰的董事長，可是沒有人像我一樣，每週都到現場聽取第一線的聲音。那麼這要說我是懶惰呢，還是勤快？我只抓住這個重點而已，其他的會議我都不管。

我想全世界大概也沒有人像我一樣，我就是這樣充分授權的人。除了銀行貸款簽約之外，我也沒看過任何計畫書；即使採購，我也只要求在當時的狀況下，不要買得比別人貴就好。因為，市場隨時都在變化，他們不需要浪費時間寫沒有用的計畫書，這樣就可以全心投入，去想別人的買價是多少？對方的弱點為何？我相信，我們是買得很便宜的。

簡單來說，要冷靜分析自己的相對競爭力，要有嘴與鼻子的觀念，然後充分授權、採取現場主義，這就是為什麼我可以在很短的時間內，做出很有效率的事情。

38 會做生意的人，不做老虎讓人怕，要做傻豬讓人殺

要如何比別人有優勢？

我靠的，就是前面談到的「釣魚哲學」——讓利益共享。我想，經營者就是要做到這點。對所有人來說，做生意一定是大家來拚。我跟你買比較便宜，就是我的利益；你賣我比較貴，就是你的利益，做生意原本就是一種對立的關係。你和原料供應商、和客戶之間的關係，就是這種對立的關係。如何把你的利益變成我的利益，經營者的手腕就在這裡。

同樣的，我和員工之間原本也是對立的關係。請的人工資便宜，當然成本就低，東西就比

較好賣，利益就比較高，但是員工的生活就不會快樂；對受聘的人來說，這個老闆若薪水給得高、工作好做，我就找他。所以當大家可以互惠，原本的對立關係就變得不對立，敵人就會變成戰友。

如果經營者有這種想法，找出利益共享的formula（公式），什麼事情都會很順利。

例如，過去曾有一家日本客戶要簽下我產能的二十％，然後要我降價。但我請他列出所有對我的要求與罰則，而我對他卻不列要求與罰則。我說，如果我的產品不好賣，表示我的產品品質不好、價錢高，否則就是大環境的因素，那是不可抗力的。結果，日本人聽了嚇一跳，怎會有人這樣做生意。

還有，打市場時，我都會先跟客戶講好，如果跌價，貨款以月底的行情為清算價格，但如果漲價，利益則歸給客戶。等到每年年底決算的時候，我若認為賺得太多，我也會回饋給客戶，不要讓人覺得都只有我在賺錢。一切要捉住客戶的心理，這樣客戶一定不會跑掉。

這就是在說，經營者的利益一定要從互惠的方向去找出來，不要自己一直殺價，卻不給別人議價空間。若沒有共同的利益，就不會有長期的利益。

所以在戰場廝殺的時候，會有一群可以跟我「作夥拚」的partners（夥伴）。所謂的partners，包括我請的人、我的客戶，也包括我的材料供應商。我們原本是對立的關係，現在成了我的夥伴、我的戰友。我可以把你的產能全部簽下來，所以你也不需要花錢做廣告，也不需要什麼salesman，我跟你透過傳真機就可以了；還有，你也不用花錢包裝，材料的空桶子我會還給你回收等等，這些都可以研究，找到互相的利益。總之，運用採購的power向人家殺價，這是最下策。

日本人提到，「愚、鈍、根」是領導人很重要的特質。「愚」就是看起來憨憨的，「鈍」是鈍鈍的，所以頭腦太敏感、太銳利的人不適合做領導者。「根」比較不一樣，就是韌性，一件事情做下去，他不會輕易放棄。有些人很愛喜新厭舊，「根」就是我一件事情做下去，我不會今天做了明天馬上換。

所以「愚、鈍、根」的境界就是，做生意不要做到讓人怕你。我們台灣人有一句俗語說：「會做生意的人，不做老虎讓人怕，要做傻豬讓人殺。」就是這個道理。你來，人家就會想說，這隻傻豬又來讓我殺了！你若傻傻的出價，人家就會想，好啦好啦！算起來應該賺一百的，讓他殺一下，變成五十，但這減少的五十塊就是你對未來的投資，這五十塊就是要引起未來賺二百的機會。

賺到一個機會，對生意來說，你就是賺到未來。

39 你若對一個人好，他就是你的情報員

做生意，就是要利益共享。五十年前剛開始做奇美實業時，我就跟內部的人說，來跟你採購東西的客戶，你當然要奉茶請他坐；但那些來推銷產品的供應商，你更要奉茶招呼他。

當時別人就講：「奇怪，客戶當然卡要緊呀。」

不過我是這樣想的：如果人家來賣東西給你，你要讓他歡喜，以後他才會把便宜的、好的東西優先拿來給你。所以日後我自己創業，我都會教我們裡面的人說：「對於來賣產品、來收錢的人，要讓人好收錢，給人好印象。生意就是從這裡開始的。」

這講起來既不是美意，也不是善意，是做生意的自然法則。

我這想法，是出於我的親身經驗。早期在做塑膠廠以前，我也曾經揹著產品去做推銷員，有一次，我去到嘉義一家店，剛好是用餐時間，老闆就說：「少年仔，你稍等ㄟ，我呷飽再看。」我當時算是跑單幫，就在一旁等。終於等到他吃完飯，但他卻和太太繼續聊天，還一邊剔牙，連看我一眼都沒有。我心裡很急，一直想著「拜託看我一下吧」。終於苦等一個多鐘頭以後，他看不到一兩分鐘，就說我的產品不適合他，叫我走。我當時心裡就想，你若早看一下，就不會浪費我的時間了。我很氣，想說，社會上怎會有這種人！

會拿產品來賣你的人，有個很寶貴的地方，就是他有很多information（情報）。因為他賣你產品，也賣給別人，你若對他好，他就是你的情報員。你採購的價錢已經很合理了，若還請他吃個便飯、抽個菸，他會想說，我在隔壁也沒人這樣對我啊，怎麼這家工廠對我這麼好？比方說如果你問他，隔壁在蓋房子，到底在玩什麼把戲？他的情報很多，就會幫你查。

一般人會認為，你供應商是來賺我的錢，我為什麼要請你吃飯？我當然要讓你等，來買我產品的客戶卡要緊。但這是不對的，你要從採購做起，能買到便宜又好的原料，你才能做出好產品。對於來賣你產品的人，你若對他好，他就好的產品拿來賣你、好的消息也一定給你，他不僅是賣你原料而已，還會替你蒐集情報。

所以，你要給人好印象，請他入內坐，趕緊給人家答覆。若需要請教他最近業界如何，就撥個時間和他去「開講」。

40

錢可以賺就賺，不能賺也沒必要去做魔鬼

做事業，不是只有奇美很成功，很多廠商也很成功。

但是奇美很難得的一點，是沒有忘記「做事業是追求家庭幸福的手段」，沒有忘記每個人追求生活品質、幸福生活這個目的。早在週休二日尚未落實以前，我就禁止他們晚上加班，有些公司流行「魔鬼訓練營」，我非常反對這些。人就是人，要順其自然，錢可以賺就賺，若不能賺也沒有必要去「做魔鬼」。

那麼，我要怎樣得到快樂的人生？

授權。

從年輕的時候起，我就習慣每做一件工作，我就放一件工作，所以我經營事業沒什麼絕招，就是盡量授權而已。

我知道這是我的特色。我若做一件事，第二回我就會想說，這件事要趕快交給誰。小的事情我不會做很多次，這樣你才能做很多事。「做一項，就要放一項。」若不如此，你就永遠幾十個委員會，永遠管不完。

充分授權會讓我身邊的人工作好做，而且我也輕鬆。事實上，在你身邊的人，也不希望你太囉唆。所以我若看到一個人在忙，我都會很好奇：「你在忙些什麼？」不用忙的事情他很忙，照這樣講起來，做董事長的人，到底要有多少時間才夠？

我很少指示工作要怎麼做。我不太喜歡「管理」這個概念，我覺得對一個實業來講，與其說「管理」，不如說「經營」。管理多少帶有嚴肅跟殘酷的一面，這個人若不能達到公司的要求，我就炒他魷魚，這一套我不喜歡。所以我在公司裡，我要消滅「管理」這兩個字。

相反的，經營需要用心，用心維護公司同仁的利益，用心做出好的環境使員工幸福，這些才是我對奇美的哲學。不過大體說來，我把公司經營都放手交給員工了，只交代一句「不要垮掉」。

追求責任是好的，但不是要掛念會不會賠錢。並不是賠錢就不好、賺錢就是好的，只要事情大家做得順遂，就好了。賺跟賠，是要看業界的相對狀況，不是絕對的。所以在評鑑員工時，有公平合理的原則，自然就不會有麻煩。在奇美只要好好做事，其他的事情是不用煩惱的。

不過，很要緊的就是：不管如何，領導者一定要負責。下面的人不管對或不對，你都要擔起來，不能放著讓公司被拖垮，領導者一定要有這種良心。

一個經營者若有這樣的想法，就算你整天釣魚，人家還是尊敬你。做頭家的人若沒有肩膀，分要分比較多，工作又不做，有事情就說責任不在你，這個也處罰，那個也處罰，是沒有人要跟隨你的。

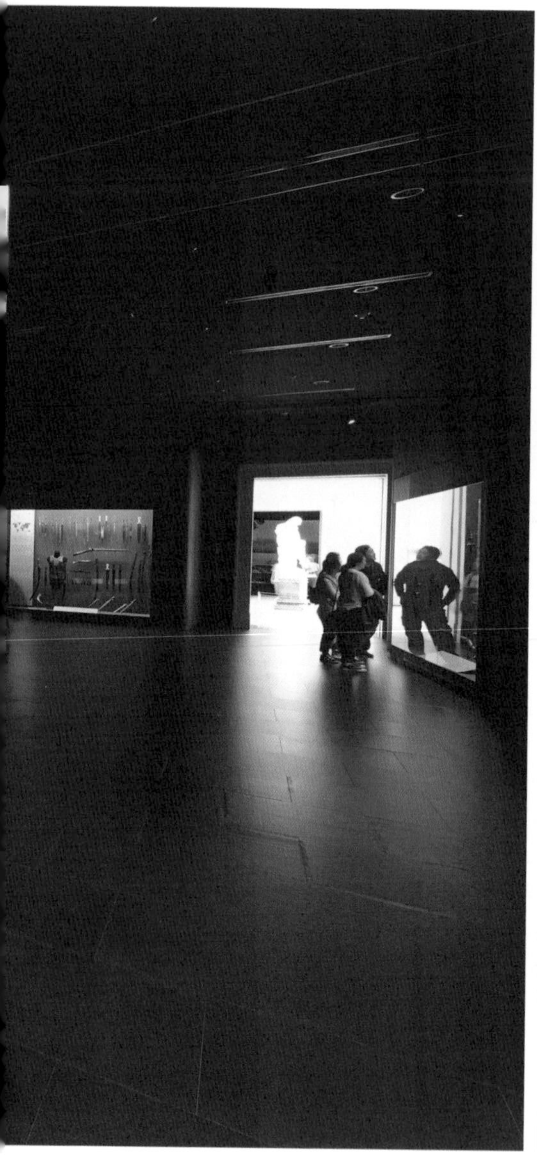

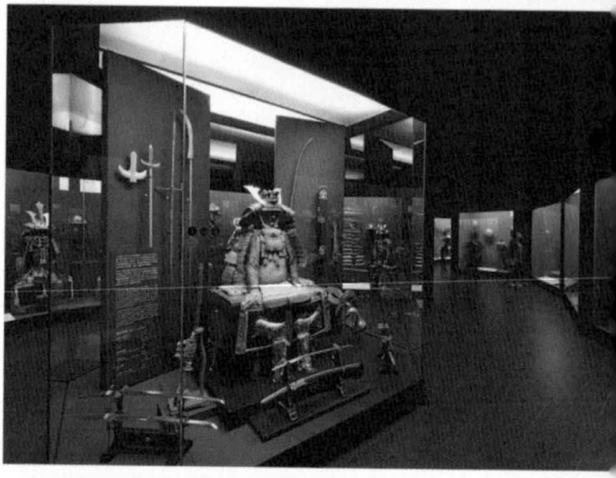
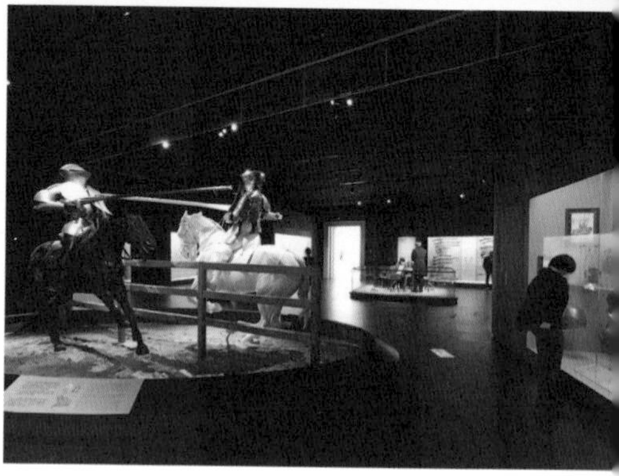

人類的歷史是一部戰爭史。武器裡面
有科學，也有美術，在博物館裡也是
很有魅力的。

41 目標管理要徹底，不要用手段管理

若一定要用「管理」兩字來談經營哲學不可，我認為，最重要的是目標管理——只看結果，不管過程。然後，才是一些手段上的管理。

什麼是目標管理？講簡單一點，就是假如八點半要到達火車站，你要走路去、跑步去、騎腳踏車去，還是坐車去，都無所謂，只要八點半會到達火車站就好了。

奇美員工人數這麼少，主要就是採取目標管理。員工們很清楚工作目標，不需要每天開會、寫報告，我只要求看結果。因為我的工作是如何公平分配公司的獲利，至於生產、銷售、成本控制，我都不會干預。這樣一來，事情就很簡單。所以我們一定要採取目標管理，不要採

取手段管理。

我常舉一個例子，一條蛇的頭可能沒占到全部體積的二%，但是你只要抓到蛇頭，牠再怎麼爬都沒關係；你若不懂而去抓蛇尾，你一定會被咬。

一件事情在處理時，我會先去想頭、尾是在哪裡，然後只抓頭就好，至於尾巴在做什麼，我不會去管，也不必管。一般人就是頭尾都要抓，就會浪費很多氣力精神。

所以我常說，目標管理要徹底，不要用手段管理。手段應該要很寬，目標則要很明確。我們公司就是目標很明確。有人來跟我報告什麼，我都說，你不用說這麼多啦，只要說這個月賺多少錢就好。以前總經理問我說，我對他的要求是什麼？我就會說：「首先，如果讓我知道台南縣市有別的公司待遇比奇美好，那你就糟了。」我的意思是說，你要先照顧員工的福利，然後再來談要賺多少錢。第三，是客戶有沒有滿意。

這三個目標若有做好，我就不需要去管了。否則你就要每月去看報表，決算是多少、購買材料的情況又如何，你若要查，也可以每天都很忙。你若不要忙，只管這三項也可以。

很多人就是手段管理重於目標管理，「你的程序不對」、「你應該先來報備」等等這類的，再怎麼提都是手段問題，嘴上說是目標管理，實際行動卻是十足的手段管理。所以，很多時間就消耗在手段上了。

說起來，奇美有三十幾家公司，若拿政府來做比較，那奇美就有三十幾個縣市了，我的手邊至少也有上千件的事情，絕對多到做不完。可是，奇美到現在並沒有一個中央政府，唯一有的，就是每家公司的報表有來我這裡，我也只是順便看看，由我這裡負責財務的人在檢查，我也沒有特別設置一個中央機構來管理這些事情。

我的作法就是簡單化，奇美的每間工廠都是一個獨立王國，你自己管。賺到利潤後，每月報表拿出來，自己是賺、是賠都清清楚楚，會計就交給會計師，若有什麼事需要大資金，大家再來想財務要如何運用。所以，奇美底下的「縣市」們，我就是讓他們獨立。而總公司要處理的，大概只有資金的事情而已。

那麼，什麼樣的問題會到我這裡來呢？像我們要轉型做電子，或是像那時候要投資太陽能板，這種牽涉到很多資金的事，當然會由我決定，自然也由我負責。但我負責也很輕鬆，因為我的決策如果錯了，他們也不會要把我怎麼樣。所以好的關係建立起來以後，事情自然很少。

至於事務性的問題，他們要自己解決，不需要問我。要怎麼做才能賺錢？材料成本要便宜，製作技術要好。材料成本若要便宜，負責材料的人就會和販賣的人合作，所以董事長也不需要去管採購和販賣，只要他們兩個談得攏，產品出來有競爭力就可以了。若說因為景氣差而賣不出去，或是成本高、品質低這種問題，製造部門和販賣部門也會自行去溝通，這個也不需要到上面來。

壞公司就是會議多、印章多；好的公司就是有什麼事情，大家一對一溝通，不用開浪費時間的會。所以奇美的印章也很少，因為印章蓋得再多也沒用，重要的是有誰能負責。

我們製造、販賣、研究開發技術、採購這四個單位，每天都在見面，每天都在調整。

我認為，企業的競爭比政府更複雜。從原料、技術、產品到客戶，都是一直在變動的，我們若像政府那樣用法令、文書來管理，改個法令要花一整年，所有事情都要從地方一直到中央，再從高層傳回到基層，公司早就倒了。

政府那種組織跟做事方式，是一條很漫長的路，無法適應環境。倘若組織裡頭的人隨時能夠溝通，再怎麼複雜的事，三句話就講完了。我想知道的，只是你們的結果而已。達成目標的手段有千千百百種，你若去介入，他還得來向董事長報告，然後董事長再給他指示，這就慘了。

所以我的作法就是授權、目標管理。你要讓他們明確知道你的目標在哪裡；你的權利和義務要分得一清二楚；也不能因為你的管理，去侵犯底下人的自由。若是這樣，大家都會很幸福。

42 重點不在於管身，而是管心

那麼，「目標」管理的層次要放在哪裡？層次要放在最高，就是人。

你要去想說：你管理的是身，還是心？

當然要管心啊，對吧？這個人若是心已經在我這裡，我不用說什麼，他自然事情做得很好。不是去要求他八點來、六點才能回去，那只是在管身。

我的做法是先管心。就是說，你若是了解我需要你做什麼，其他的我就不用去管你，你不來上班，你在家裡若能夠完成也沒關係，這才叫做「目標管理」。

任何公司一定有文化和制度，文化如果做起來，什麼人都沒辦法抵抗這種文化。一個壞人在九個好人裡面，想使壞也沒辦法，反之亦然。所以關鍵就在於，這個環境是否已經很合理、很公平？若能建立這種文化，帶心就不是問題。

一定要先有心，才能到身，要先講出明確的目標之後，再來說細節。一般人常是目標說不清楚，細節卻說了一拖拉庫。這樣一來，上面的人會搞得整天都很忙，被管的人也很忙，因為浪費了更多時間在手段管理上。

假如能把目標說清楚，你每天都可以去釣魚。因為，做事的人已經知道自己該做什麼了。

43

經營，就是一種「適應環境的行為」

我不贊成做什麼經營計畫書，預估產量多少、利潤多少等等。數字一旦寫了出來，等於已經把你固定住了。你所有的行動，會被你的計畫書給綁死。

做生意就像戰爭，怎麼可以說多少就是多少呢？

這就是我不愛用管理學的原因。雖然這樣講對管理教授們有些不好意思，可是我覺得管理學實在太像小孩在玩遊戲了，這些數字是沒有意義的。市場千變萬化，利潤與售價之間的平衡，不是讓你隨便用個數字就能知道的，怎麼可以說要賺多少就賺多少呢？

人一件事做久了，常會產生慣性，會認為就是要這樣才對。但是，一種新產品經過一段時間以後，是會變的。成本會降低、品質會更好，使用者的習慣也會改變。好的經營者，就要知道怎樣抓住這個變化。

而所謂的經營，就是一種「適應環境的行為」。一個經營者不能說你現在做肉粽，就永遠要做肉粽。當大家都愛吃米糕的時候，你做肉粽的，就要改成做米糕！

這意思就是說，領導者的頭腦要很有彈性，遇到什麼情況，就要有怎樣的判斷。企業家不是一定非做什麼產品不可的，要看市場的需要，也要看自己企業的體質，說不定我明天就變成賣肉粽的也很難講。

所以，什麼事情都要到「現場」去講才準。我們公司如果有事要談，都要到現場去，否則你無法了解全貌。商場就像戰場，在戰爭中，指揮官一定要到前線，才能看到地圖上看不到的東西。普法戰爭的時候，法國指揮官在巴黎，普魯士指揮官在前線，所以最後法國戰敗。

這就是我常講的「現場主義」，空間短，人的距離就短，布局、應變能力才會快。面對戰場的千變萬化，第一線指揮官擁有最大的權力，不是聽命幾百公里外指揮部的指示，這種軍隊最「勇」。

假使我早十年經營ABS，不一定會成功。因為對使用者來說，早期這是高級的樹脂，用途有限，你製造者就一定要配合這樣的市場。但使用者經過二十年以後，已經有一些重要和次要的需求出現了。

第一個變化是用途。有人開始會想，產品重要的部分用比較好的材料，後面沒人看的就用差一點的，才能降低成本。這是第一個變化。

再來，第二個變化是市場出現激烈的競爭。你賣一百，我就賣九十九，當時消費者腦子想的是你有沒有更便宜的東西，大家都在僵持，就像等待耶穌出生。所以，那時候我就喊說：「救世主已經誕生了，我的比較便宜！我這個產品就是讓你用在次要的地方。」

我就是看到了這樣的變化而改變策略，走大眾化的路線，做比較次要的東西，價廉物又美。到最後，我的ABS真的是賺到別人喊怕，日本十家廠商被我打得很慘。

這就是因為很多經營者的頭腦，還停留在二十年前。

那段時間我也收掉一些產品，集中進攻ABS。當你四面城門、不知敵人會從哪裡打進來時，最下策就是兵力部署平均分配，上策則是你去研究敵人可能從哪裡來。這雖然無法百分百猜中，可是若有百分之五十會從東門來，就要集中兵力在這裡。如果不是從東門來呢？也無妨，就跑嘛！只要士兵不死就好了。

所以我認為，主管都應該坐鎮前線指揮，不該隨意離開。我也常跟奇美的人說，若我的看法與你的主管不同，以你的主管為準，因為，他才是現場負責的人。

多一行

44 我的工廠就是總公司

奇美的組織型態，跟很多公司不一樣。我們很多組織，都是功能導向、自然形成的。

例如ABS，我們公司負責採購和販賣的副總就是同一人，因此，採購的人就變得很有權。這在別的公司可能是兩個副總在做，但我們是一個人負責。若是普通的公司，這是可能產生問題的，因為負責買跟賣的都是同一人，若有人在其中動手腳，不留證據，董事長也不會知道。

但是，奇美不會發生這種事。

普通公司的總部通常設在台北，會有一些回扣什麼的你看不到，可是奇美有一個好處，我們製造的地方就是總部。做製造業，你就要了解製造的人有多辛苦、有什麼問題，所以我的工廠就是總公司，跟工廠的溝通非常快。像我們這種組織，大家都在同一棟大樓裡，有什麼問題，大家都看得到，也都問得到。

以採購這件事來說，負責人底下也有很多採購，他若和別人勾結，底下的人也會知道，這是一個自然形成的關係。你採購出了什麼問題，內行不是只有你而已，我打幾通電話就會知道了。大家都在同一個辦公室，他的作為旁人都會看，這就像監察院一樣，也不可能讓他一個人亂搞。

又例如ABS的技術部分，那時候也是何昭陽一人負責。他做副總的時候，不是只有搞技術而已，他是製造、工安、環保都要負責，這在別的公司也可能是三個人在做，但我們是一人負責。這樣的好處是他們在腦子裡要collect information（蒐集資訊）就會很快，做決策也會很機動，可以避免開會和溝通的政治問題。若切成三部分、四部分，為了要協調，可能最後事情就會扭曲，也浪費很多時間。

那為什麼大多數的企業總部都設在台北？這是因為政治的考量。政府要你做什麼，或是要和哪個政府部門交涉，都在台北。銀行總行也是在台北，借錢向台北總行說也比較有力，所以多數企業的總公司都在台北。但這對生產來說，都是minus（扣分）的，會增加很多成本，因為你生產並不是在台北，是在其他縣市；客戶也不是只在台北，是在全世界。所以對我們來說，總部應該設在台南，因為工廠在這裡，管理費用最低。在高度競爭的社會，節省經費是很重要的。

集中的好處是：你的資訊才會集中，情報掌握才會完整，判斷才會快。若大家又在同一棟大樓，溝通方便、節省成本，也可以資訊透明，避免弊端。

所以在奇美的組織制度上，採購和業務是連在一起，工廠跟總部也是連在一起。若你產品賣不出去，就是你原料買得太貴，這是黑白立見的。但是，有材料因素，也有市場因素，若東西做不出來，或是品質差，這也是不行的，所以研究開發跟製造生產也很重要。就因為這樣，奇美的採購、業務、研發、製造，一群人每天都在那裡協調，就形成一個默契很好、很有效率的團隊。

45 奇美可說是一個「無文字的社會」

文明進步的社會帶來的麻煩很多，一個沒報表、沒有文字的社會，會被視為和落後的社會沒有兩樣。

我公司比政府機構還要複雜，像原料、技術、市場，複雜的程度是你們無法想像的。但過去，奇美可以說是一個「無文字的社會」。

從頭到尾，我沒有寫字的習慣，也沒有看公文的習慣，除了訂婚後有寫一些字給我太太之外，我一生中很少在寫字。連〈公司法〉，我都不曾認真讀過，也不曾去看公司的章程到底長什麼樣子。

當然，奇美也不是完全不用文字。例如為了環保，公司內部作業要符合國際ISO標準，像這種該做的事，我們都很認真；公司也很早就電腦化，電腦化就需要寫字，像這種跟競爭力有關的、資訊透明化的，都有在做。現在那些年輕人用電腦溝通，也是很快的。

只是說，我們公司裡很少有那些不必要的文書作業。我不要手段管理，不需要浪費時間去寫什麼書面報告之類的東西。我也不看書面報告，我需要的只是一句話：「上個月虧損多少錢？」我也不喜歡聽理由，直接問賺多少卡實在，剩下的都是浪費時間。

我們人一生的時間實在很有限，用這些時間來做事，比較實在。人家問說，為什麼奇美一個人可以做那麼多事？我說：因為他們不用寫報告，可以一直做事。

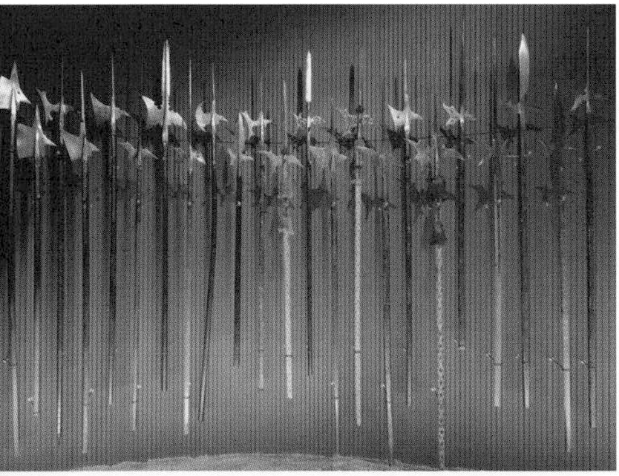

戰爭的歷史裡面，武器佔很重要的地位。我的武器收藏，有可能是亞洲最多的。

46

我欣賞莊子的無為而治，所以要「消滅管理」

奇美集團的關係企業有三十幾家，但奇美很有名的一點是：公司從頭到尾都沒有管理部門。

二十幾年前我們有過總管理部，後來變成了總務部，從此就再也沒有管理部門，所有的事業部就是直接向總經理負責。

我宣布取消總管理部，差不多是一九八〇年的事。我認為，人跟人之間不需要有管理的關係，因為管理都會造成對立。我認為在公司裡，每個人的人格都是平等的，不需要有管理的關係，若人家稱呼我「老闆」，我都會說：「我不是老闆呢，真正的老闆是買我們東西的客戶。」

當然，基本的制度架構、新進人員的敘薪、升遷、獎金怎麼發等等，還是要有一套公開的制度。我的要求是一定要公平合理，接下來就交給主管決定，只有一個「人評會」，真的有事，才提上來討論。對於人事制度的問題，你若沒來拜託什麼事，我不會去管；可是你若有制度上的問題，我會幫你處理。

管理的事，真的是少做比較好。因為管理是成本很高的東西，為了管理，會使得整個工作效能都降低。

像我們的仁德廠區，足足有一百甲，有五十幾個廠，可以說是世界上很大的，比日本十家廠加起來還要大。可是，那裡面沒有管理部門，可以說是一個自治的小王國。日本在明治維新之前，也都是小王國的狀態，我覺得那實在是不得了的制度。

我欣賞莊子的無為而治，所以我要「消滅管理」。想想看，若你太太上菜市場前，你還要她編一份預算，回來要報告怎麼買、在哪裡買，她一定會要跟你離婚。

47 產品如果得拜託客戶買，就已經是失敗了

一般念管理、經濟學的，都認為工廠一定要有業務員、推銷員，但在我的思想裡，推銷是不需要的，sales是次要的，重要的是你的產品有沒有競爭力。如果有，半夜客戶也會自己跑來。

產品若做到還要拜託客戶買，那已經落伍了、是失敗的。做出不用推銷就賣得出去的東西，是奇美發展早期我給製造部門同仁的功課。

所以早在三十年前，我就逐步推動「一價制」，奇美的產品只有一個價格，大小客戶都公平對待，絕對沒有「黑市價格」，品質也相同。我盡量做直銷，做到產銷合一。

當時奇美正在擴大，我要讓這些跟我們合作的衛星工廠也有競爭力。他們很多都是剛剛創

業的小廠商，也擔心買貴材料，所以我的「一價制」對這些弱勢的小工廠很有利。

一九七六年我正式把公司組織區分成四大事業部，我們總共做了好幾波，目的主要是做公司內部的改革，範圍包括了組織改造、技術創新能力、策略調整三大部分，讓它合理化、科學化。但是，「一價制」跟業務員的改革是針對我跟客戶、供應商的關係，這是公司的外部關係。

那是鹽埕廠時代，就以鹽埕廠開始推動，後來成果不錯，我就喊出一個口號——「無推銷員的推銷」，進一步推動地毯式的直銷。差不多一九八四年的時候，我的「一價制」政策已經確立，售價每個月統一在報紙刊登，同時宣布「奇美取消業務員制度」。

對很多人來說，這是一個很大的shock！這實在是打破習慣的革命性販售策略。傳統的sales完全被MTS（Marketing Technical Service，技術服務員）取代，奇美確立全面性的直銷，取消代理商。客戶若要下訂單，就直接打電話來。

一般企業界常見的作法是：新產品問世以後，就由業務員出去介紹有這個東西；客戶若有需要，就拿訂單給業務員，所以我們稱呼傳統的業務員是order takers，也就是「拿訂單的人」。

但是，當產品經過一個階段以後，會形成穩定的客戶網絡，不再需要我跟你推銷，因為已經知道你一定要用了。那時候我就會跟客戶說，我的生產成本裡面有二%是業務員的費用，我取消業務員，一%給你、一%給我，你說好不好？他半夜也會爬起來答應你！

客戶會說，你不需要多跑這一趟，賣價比較便宜就好，要不然你的業務員來，我都會奉茶請他喝，還很麻煩咧！

而產品若要成功、要讓客戶半夜跑來買，就要品質好、價格低、服務好、送貨快。

所以取消了業務員制度，你的技術服務一定要好。技術服務不是拜託客戶買產品，而是要賣我們的服務，是產品的售後服務，看看是否有問題需要解決。我們把原來的男性業務員，訓練成「技術服務員」；另外，以現代化的方式建立客戶的動態資料，由女性服務員透過電話和客戶保持聯繫。

從那時候起，奇美就開始做技術服務。我也禁止技術服務員接客戶訂單，這可能是世界先例。我交代服務員說，你去服務的時候若客戶要下訂單，你要說我不是來賣你產品的，我是來做服務的而已，人家就會說：「奇怪，我訂單要給你奇美，你為什麼不要？」這樣做下去，客戶對我們的信心就會增加。

我也禁止技術服務員拜訪客戶時，要求客戶多進一些貨。相反的，只准去關心客戶：「原料為什麼囤積那麼多？這會提高資金、倉儲成本。我們的產品是每天送貨、不斷貨的，你若少買一點，可以更妥善的運用資金。」

就好像現在我們三、四個人去餐廳吃飯，點了五菜一湯，跑堂的都會告訴我們：「菜夠了，不夠再叫！」就會讓你感覺很親切。

這就是奇美在做的事。有些大企業想的是怎樣炒高股票價格、怎樣利用政府便宜的資金，我想的是要如何降低彼此的成本、取得客戶的信賴。我的公司很多作法都是打破習慣、打破常例的。

當你告訴客戶少買一點時，人家可能覺得你很有誠意，也可能覺得你很怪異。所以，為了方便客戶下訂單，我在一九八八年乾脆送客戶傳真機，請他們直接用傳真機訂貨，貨款再匯給我們就行了。我當時向全世界採購傳真機，送出三千六百多台，花了上億元。但是，客戶都很高興。

取消業務員，還有另一個好處。通常，公司的採購都會要求廠商暗中給回扣這個壞習慣。我就跟客戶說，用fax，奇美有小姐會收，這中間都沒有任何人可以怎麼樣，所以客戶也很歡喜。我的價格若有變動，就會在報上刊登，這很公平、公開又透明，事情也變得比較單純。

第三部

理想國

我出生成長在台南運河邊的貧民窟，是罪犯、賊仔、差不多很「下流」的人都在那裡的地方。

我所看到、所經驗過的事情，和政府官員在看、在談的，完全不同。

48

我最討厭聽到政府說「拚經濟」

政府常常在喊「拚經濟」。這句話，完全是在騙百姓的。

訂單、原料、技術都和你無關，你要拚什麼經濟？公司的訂單也不是政府替我們爭取的，低價的原料也不是政府替我們談來的，技術也不是政府幫我們研發的，你能拚什麼經濟？

香港政府有在講「拚經濟」嗎？香港過去給英國管，英國政府來也只規定你不能犯規而已。剩下有關經濟的事，他一句話都不曾說。「我給你自由，所有人都不能犯法。」就這樣，就自然發展了，大家都想去香港做生意。

對於經濟，政府老是愛講「輔導」。不過，你有能力輔導嗎？

一個賣肉粽的，是政府教他怎麼包肉粽的嗎？所有的企業，沒有一家是靠政府輔導就成功的。這些人才，也不是政府培養出來的。你不去「輔導」張忠謀，台灣照樣會有現在的發展，因為台灣的條件已經成熟。但是官員們為了讓人民覺得政府「大有為」，不斷灌輸人民這種觀念，再透過教育跟媒體不斷放送。實際上，政府什麼都沒辦法做。

但因為這些洗腦，到現在，很多人觀念還停留在舊時代，以為企業一定是政府去輔導、去培養人才，然後才有的。

老實說，政府不要花我們納稅人那麼多錢就已經很好了。外貿協會就是一個例子。說是在國外做招商、辦展覽，每年在這上面花三十億。這種事情我若有需要，日本商社半夜也會爬起來幫我做，而且人家還做得比你好。Mitsubishi（三菱）、Mitsui（三井），或者是Sumitomo（住友），我若跟他說，奇美有產品要在日本打市場，他們都會幫我辦得好好的。

可是，政府卻說要「經貿推廣費」，這些錢，就是從我們民間拿的。進出口的時候，抽零點幾個百分比的貨物稅，奇美一年光是繳這個錢至少就要兩、三千萬；而且，我們從來也用不到。如果我的產品還要靠外貿協會才賣得出去，恐怕老早就倒了。

四、五十年前通訊不便利的時代，企業的確需要一些協助。但現在資訊這麼發達，早就不需要政府來做。手機拿起來全世界都能通的時代、電腦打開什麼訊息都有的時代，為什麼還需要外貿協會？

而且這些人是外行的，卻花這麼多錢。所以幾年前外貿協會董事長許嘉棟來找我，我就說外貿協會應該解散，他嚇得要死。後來，聽說政府抽這些稅是違反WTO（世界貿易組織）規定的，說要取消，但是到現在錢照花，機構照樣存在。

當官的人，是不會因為這個東西不需要，就把機構裁掉的。直到現在，中央的頭腦還是不停在想說：「有哪些市場是我們打不進去的？」「南向政策要怎麼突破？政府要做什麼……？」種種。像這種事，政府實在想太多。我們的產品如果好，東西便宜，印度、巴基斯坦照樣會來買。就算他和我們沒有直接邦交，我也可以透過其他國家，例如香港或日本的業者，打進他們的市場，政府實在不需要浪費時間想這些。

錢怎麼利用最有效，經營者最清楚。但政府在用人，都用一些政治人。你們要知道，政治人是最差的經營者，因為他什麼事都是政治思考，沒辦法用經濟原則來處理事情。所以一旦由政治人來治理，就會「很不經濟」。他腦袋裡想的，都是只要立法院通過就好了，預算一過就有錢花了！原本用不完的錢，他也會想盡辦法把它用完。可是我們民間想的，卻是怎樣利用最有效，用最節省的方式創造最大效益。

你若仔細去看台灣過去的經濟政策，國家競爭力的來源絕對是地方百姓，不是中央政府。像過去的紡織、水泥、汽車工業，當年若不是政府限制，台灣的汽車業應該老早就贏過韓國了。

那時候，奇美ABS要從一個月五千噸增產到一萬噸時，經濟部也不准。真正的原因，就是為了保護「國喬」，因為背後主導國喬的是李國鼎。普通我們擴建，都需要公文上去說現在要擴建多少，可是當時工業局卻說，台灣市場沒那麼大，說我們在浪費資源。

可是，這錢是花我自己的，又不是花你的，我的市場在哪裡，你會比我更清楚嗎？但政府說不行就是不行。後來我乾脆跟廠裡說，我們自己做，頂多被政府告，反正他們在法律上也沒有依據。

所以我常在講，我的ABS做到世界第一，但那是很痛苦的世界第一，是我們自己辛辛苦苦拚起來的。

在總統府的政府改造會議上，我曾經很不客氣的說，你們台北市花的都是地方的錢，而地方根本不需要你來「拚經濟」，我實在不知道經濟你要怎麼拚，奇美也不是你輔導出來，經濟奇蹟也不是你政府拚出來的，頂多是你管少一點而已。管少一點，才是最好的政府，但是你們頭腦裡沒這個想法。

所以，我最討厭聽到政府說「拚經濟」。

49 政府到底是在為誰發言？

政府說「拚經濟」時，很多時候都只是在「救股市」、「救房市」而已。問題是，就算股市、房市有漲，好處也只是少數人拿去。大多數人都是受薪階級，大地主、大股東只是少數，占總人口不到五％。

當股票、不動產下跌，我們應該關心的問題是：百姓的薪水是否會跟著減少？假如多數人薪水沒有減少，媒體吵什麼？我們國家有九十％的人是受薪階級，應該有九十％的人會因為股票與不動產下跌而得到好處，另外五％的人是差不多balance，只有剩下的五％確實是在哀叫股票下跌的。可是整個社會、整個政府卻為了這五％的人，整天喊東喊西。

假如房價跌，九成的民眾應該是很高興的，他們會想說：「咦，我要買的東西怎麼越來越便宜？而我的薪水也沒減少！」但是政府跟媒體的作法，卻讓這些應該高興的人沒在高興，反而產生不安，覺得自己可能會失去工作、調薪的機會降低。

事實上，不動產若一直漲，還沒有房子的人也會覺得，自己一輩子都沒辦法買房子了。可是，這樣的聲音也沒有出來。

所以，政府到底是在為誰發言？難道是為了這五%的人，是為這些有錢人的利益在講話？每件事情，經常是好與壞交織的。跌，好處也是很多。莊子曾說，有得就有失。但是大家都以為股市漲、房價漲比較好。其實正好相反。我有個朋友買房子之後就罵說，房價下跌害他買貴了。可是我心想，現在還有很多人買不起房子，對這些人來說，房價下跌正好，就可以買到便宜的房子了。

所以，政府不能一味說要拚經濟，然後拚經濟就是股市漲，不動產等行業都要漲。

50 你愛炒股票，我就讓你炒！

政府肥在哪裡？頭一項，我就把它歸類為「過度保護」。

最明顯的、每天都看得到的例子，就是以政治力干預股市。一個企業家做事業，缺錢就發行股票，讓人買；那你喜歡的人去買就好了。可是，政府怕人民受騙，所有的法令都想要讓你不必經驗任何事情。

散戶當然有可能受騙，可是，被騙是每個人一生都會遇到的經驗。每個人都受過教育，脖子上面都有一顆腦袋，就算政府不管，你也會去打聽奇美或其他公司的股票能不能買，對不對？經驗是必需的，被騙、被占便宜都是必需的，你自己下次就知道該怎麼做了。但是，政府不讓你有這種經驗，以為這樣就可以很安全。

問題是，真的安全嗎？

用統計來看，十個買股票的人，只有一個會賺，一個是不賺不賠，剩下的都賠錢。這就是說，政府再怎麼管，都有人會受騙上當、被人占便宜。因為股票上市以後，說不炒作絕對是騙人的。上市的目的是什麼？一個是從市場拿資金，另一個就是可以炒股票賺錢。因為他可以用別人的名義買一些股票，可以找記者散布一些假消息，還有分析師在那裡「假會」（裝懂）。所以，那些菜籃族會被企業家騙。

這種事，政府用證管會再怎麼管，人家都有辦法炒。你用金管會來抓、來規定，都只是多餘。一項法令若不能落實，實在就不要去做了。

但是，政府一方面保護過度，一方面卻用政治力介入股市，做的都是違反自然的事情。不但無法做好，還沒完沒了，後遺症越來越多。就像父母寵小孩，什麼都給你準備好，飯也端到你面前，到最後孩子不是變成溫室裡的一朵花，失去生存的能力，就是不負責任，家產花光光還回家伸手向你要哩！

所以我就說，假使總統讓我做，我會把這些不合理的規定全部廢掉。大家若愛炒股票，我就讓你炒，也不需要限制。為了限制，漲的空間反而小了。但是我會很誠實的跟百姓說，你自己要注意，投資是有風險的，你買股票是要等配股，不是等漲價。我會一再教育大家，你若想要炒作，是輸你自己的錢，八成會損失，而且買賣還要繳稅。

但現在不是。所有的報紙、所有人，講的都是「現在景氣好，股票都在漲；股票漲就是好，股票跌就是壞」，完全忽略了每一個產業、每一家企業本身的競爭力或長期發展，跟股價之間的關係。而且，每次只要股價大跌，政府就喊要祭出幾大基金來護盤，再加上媒體在那裡推波助瀾，所以那些投機的人就很威風，逼政府出來「救股市」。

這不是拿多數民眾的稅金、退休金、勞保金，來保護少數投資者的利益嗎？就是這些行為，造成台灣股民忘記要自負投資風險的事。整個社會的變形，就是政府鼓勵出來的。

這種事我講了十幾年，但是，到現在政府還是在「救股市」。為了做這些沒用又擾民、又不公平的事情，不知浪費了多少人民的稅金跟時間，聘了多少專人跟專家，開了多少浪費時間的會。

政府是很喜歡做這種事的，這種例子實在很多。再比如說，國內的金融機構只要一出現問題，財政部就忙著找其他行庫去支援、合併或是接管，來防止擠兌，不讓那些銀行或農會倒閉。像這些，都是反自然、反市場原則的事。你平日的監理如果有在做，錢被搬空了會不知道

我動物館裡的動物標本數量，可是亞洲第一的。製作標本的人都是世界一流的水準。

嗎？等到事情已經很嚴重了，又做一些違反市場原理的事。

政府可以做的、應該做的，只有確保這些金融或上市公司資訊公開、透明化而已。你平常就要告訴百姓，金融機構存款也有風險，大家應該慎選，要注意保護自己的權益。

這才是一個民主政府真正應該「介入」的。

51 為了中世紀古槍，你猜政府印章要蓋幾個？

政府的第二個問題，就是管太多。政府不管老百姓，好像不行一樣。好像人民繳了一些錢請我來做政府，我不管你，就沒在做事。

我有一個博物館，裡面除了美術、提琴、雕刻、古文物、自然館之外，還有一個古兵器館，收藏刀與槍。槍是要管制的，當然這些都是十六、十七世紀的，古早槍。我對這些古兵器很有興趣，因為人類的歷史差不多也是武器發展的歷史。可是，這個古早槍從國外標價買到，到進口台灣拿進來，你們猜猜看：政府要蓋幾個章？

你們可能要猜很多遍才猜得到。兩百一十六個印章！

幾年前，我的母校國立台南高工校長來找我，他說年初的時候學校申請了原子筆一百枝、毛筆二十枝，後來到了年尾，實際使用是原子筆八十枝、毛筆三十枝，他們就誠實核銷。可是政府說：不行。

這不是笑話喔！每次我跟人家說，大家都在笑。

你看，我們的政府是管到何種程度！國家的人才跟生產力，就是浪費在這種事情上。

所以現在的政府，肥到走不動了。效率低到……你會搖頭。這裡面，人力、時間、金錢的浪費有多少？我們民間這樣經營企業，還能賺錢嗎？

52 被管理，也是要付出代價的

管理，也是要成本的。我認為，不只是管理者會浪費成本，被管理者其實也在浪費成本。

如果十個人裡面有兩個是管理者，剩下八個被管理的人也要用二十％的時間填報表、應付上面，實際上就會只有六個人是在做真正有用的工作。在廢省之前，我們小小的台灣，政府就分成中央、省、縣市與鄉鎮四級，你們應該去研究看看，這中間產生的管理成本有多大！

所以，我們政府的管理費用實在很高。若在一般企業的話，老早就破產了。在民間，這種企業非倒不可！

但是政府為什麼不會倒？我是覺得很奇怪。

過去參與政府改造會議的時候，有人就說，企業家負責賺錢就好了，政府會來主持正義。

但是我發現，最沒有正義的就是政府！過一條溪，待遇就不同。像統籌分配款的事情，中央與地方的風波每年都要吵一次，這真是不可思議！在企業界哪會有這種事情發生？一個公司的內部絕不可能存在這種狀況，你產品賣給客戶的價錢若不同，問題一定會跑出來。

沒有正義的單位，絕對無法生存，但為什麼政府不正義卻還能存在？

就是因為沒有競爭，不怕倒。

在企業界，產品做不出來根本就不用提了。你做出來的產品比別人貴，貨賣不出去，這一定倒！生產成本比別人高，品質比別人差，也一定要倒！工資比別人便宜，工人會跑；股東的股利不好，下次別人也不會再選你當董事長。

民間企業真的是在過五關，隨時會有倒閉的風險。銀行三點半跑不過也會倒，產品做不出來、賣不出去、周轉不過來、請不到人才，什麼情形都可能倒閉。

對企業家來說，只有兩條路，就是生與死。做不對，就無法生存。在這種競爭的環境中，企業必須具有隨時修正的功能。趨勢的判斷要準，反應速度要快，才能在市場中占有一席之地。

但是，政府與企業之間最大的差異，就是在一般公務人員的思考中，並沒有做不成就會倒、政府會消失的想法。他們只要乖乖聽話，就不會失去飯碗，所以政府並不具備這種修正的功能。反正，稅是一定要繳的，繳稅以後，老百姓也無從得知錢都花到哪裡去了。

所以，在政府的思考中沒有倒閉這回事。頂多是寫些報告書，反正只要上級同意就可以交差了。理論上政府應該向人民負責，現在變成是公務人員向上一級負責就可以了，這就是政府存在最嚴重的地方。

53

政府要減肥，第一重要就是觀念改革

政府要減肥，第一件事就是觀念改革。這件事情非做不可。也就是說，一定要有新的觀念，要從另一個角度來看事情。

大家都聽過岳飛和秦檜的故事。我們的教科書裡就是教岳飛很偉大、秦檜是壞人，你現在去大陸看秦檜，他還是跪在岳飛墓前，讓人吐口水。不過，岳飛到底是誰殺的，到現在仍然真相未明，若根據日本歷史學者的研究，他是被當時的皇帝宋高宗殺的。因為皇帝擔心他擁兵造反，也懷疑他想讓被俘虜的皇帝兄弟復辟。

岳飛當然是死得很冤屈，但是若由人民的角度來想，岳飛卻是當時的主戰派，秦檜是主和派，而人民最不喜歡的，就是戰爭。你上面的人怎樣講都沒關係，只要沒戰爭都可以。當時南宋和金的戰爭已經打了十幾年，百姓的生活已經非常不幸，戰亂是非常悽慘的，第二次世界大戰我有遭遇到，我知道。

所以，站在人民的角度，你若主張用錢收買、送美女，大家來和談不要戰爭，甚至我的領土割一些給你，也是沒關係的。中華民族原本就是小小的中原，也是靠著一直霸占別人的土地擴張版圖，遇到事端時還人家一些土地，說起來也是不要緊的。

我是比較站在人民的角度來看事情，所以會這樣想。

十幾年前，日本國際牌派了一個採購團來台灣。他們認為，台灣從日本買了太多東西，但日本向台灣買的卻不夠多，所以貿易imbalance（不平衡）很嚴重。他們也是很誠懇，來的都是幹部，差不多七、八十人，就請我上去講話。

在那個場合，我跟他們談些什麼？

我說，你們所認識的鴉片戰爭，是英國人傲慢，賣鴉片發生問題就派兵來打。但是我從經濟面來看，事情就不是如此。

在那個時代，中國大陸可以說沒有東西是向別人買的，那是鎖國的時代。當時英國人來買茶、買絲、買瓷器等等，中國認為我什麼都能賣你，所以英國的白銀就一直流向中國市場。當時，英國人的頭就很痛，貿易是有來有去，但在中國卻是有去無回。

我說，你們日本人要注意，第二次鴉片戰爭會再發生！你們的商品若一直賣來台灣，沒有研究台灣人要買什麼商品，鴉片戰爭就是從這裡發生的。

既然講到鴉片戰爭，我再問你們一個問題：若由經濟面來看，鴉片戰爭到底是中國比較對，還是英國比較對？

實在講，很難說。若那個時代對國際貿易有了解，中國政府有鼓勵民間說：「英國來買我們的商品，我們也應該向他們買一些。」我想，也不至於發生不幸的戰爭。

當時英國要發動戰爭，英國國會到最後是有一些人反對的。這些人說，違反道德的戰爭是不能發動的；但是另外一些人說，現實的問題就是中國燒我們的鴉片。所以最後用投票，票投下去之後沒差幾票，主戰派的主張才通過的。想想看，百年前有哪個國家的國會，有道德水準這麼高，這樣講人道的嗎？實在講，那個時代是不講人道的，英國因為已經是先進的社會，才在講人道。

我們來看被英國統治的香港，一個小小的漁村，後來卻變成東方的珍珠，多少人享受到香港發展的好處！中國近代的發展，香港貢獻有多大！也就是說，若從這些角度重新看歷史，鴉片戰爭並不是教科書上寫的那樣一面倒的。有，我們有被英國欺負，但我們也有得到好處。

舉這些例子就是在說，在做改革的時候，你要學會換個角度去看。

若純就原理，上海的租界就是我們台灣的楠梓加工區，加工區本質上就是租界。但是教科書上寫的租界，是因為國家無力，所以被列強蠶食鯨吞，在自己的領土裡讓外國人來治理，我們的法律在那裡也無法執行。事實上，租界在文化上、經濟上、思想上，帶給中國很大的影響。同樣的，台灣今天的經濟發展，楠梓加工區實在是一個起點。我對政府有欣賞的事情沒幾項，這個加工區的設立，我對政府是有欣賞的。

觀念很重要，能換個角度想，有時候事情就會很不同。

54

人都不喜歡被管，政府卻喜歡違反人性

人，本來就很不喜歡被管。

你回家若老在跟太太念說，你菜買得如何如何，你太太一定吵著要離婚！太太會說，你錢就交給我，我買的東西你喜歡吃就好了；若是難吃，你就跟我說，不需要叫我開菜單，還報告今天要買什麼。

人性本來就是這樣，都不喜歡被管。但是，政府卻喜歡違反人性。

我們政府管太多，管到實在讓人感覺很痛苦。不過，這種聲音都不會傳到上層。為什麼？因為一層一層寫的報告都不會寫這些，都寫不加強管理不行。若發生一件事，政府一定是說

「要加強管理」，所以印章才會蓋成兩百一十六個。

上層和基層的距離，太長了。

我是認為，頂頭的權力抓得過多，應該把權力下放給底下的人。像我這樣。我在退休以前是董事長，事業是我實際在負責，一年做到五千億，生意也不算小。但是，為什麼我可以經常去釣魚？

就是因為我不管理。

不管理的，做事會比較差嗎？也不會。錢會賺比較少嗎？也沒有。員工會比人家不幸福嗎？絕對比人家幸福！

上層的權要放，錢也要放。地方縣市實在太可憐，沒權也沒錢。政府要改革，這一點就要做，權力一定要放給地方。

我曾經研究過劉邦和項羽。我對劉邦很感興趣，沒有多少才能，每戰必輸，你若去查歷史，他沒有一場戰役是打贏的。打仗厲害的是韓信，運籌帷幄厲害的是張良，治理國家、安撫百姓厲害的是蕭何。但劉邦做了一件很偉大的事，他「約法三章」，三條法律治天下。秦始皇的時候，用法家研究出一套管理人民的辦法，多到老百姓叫不敢，秦始皇認為法家這套很有效。是啊，頭一帖藥吃下去是多少有效，但是接下去，效果就會一直遞減，這是事物必然的原理。

法，不是萬能的。社會上就有很多專靠鑽法律漏洞在賺錢的人，因為再嚴格的法律，還是會有漏洞。依我的經驗，訂再多的法律，都沒有用；百姓是否樂意去守法，這才是重點。

用法律來管就是如此。你要管太太，要她報告今天去菜市場買了多少，她就會想藏私房錢。本來不藏私房錢的太太，也被你逼到會藏。

劉邦厲害的地方，就是他了解人民的心情。所以他只要「約法三章」，不要笑他三條法律如何治天下，這個效果很大，他開創出來的是盛世。

但是你看，現在立法院每天有多忙。到底在忙什麼？忙立法。為何立法？為了管人！這些被管的人會爽快嗎？並不爽快！效率會高嗎？不高！

我再來講幾個效率不高的例子。

以前我提出政府改造的時候，政府一年的公共投資已經高達五千多億。到底這筆錢用了有沒有效果呢？當時中正機場二期工程，原本用議價要五十八億，接著查一查改成公開招標，後來變成了二十七億。還有核二廠，原本編列了二百一十九億多，最後一直追加，完工時是六百一十幾億。還有北二高，原本編了五百八十幾億，但是最後花的錢多少？一千七百多億！

怎麼會有這麼誇張的事？

那時候還有一些有良心的學者，氣到站出來罵。這就是政府預算濫編、特權議價的問題。在我一生的經驗當中，一個工程若要做，差兩成就差很多了！我想不通這些政府專家是如何在編預算、如何在執行的？

你看，做這些事情政府浪費掉多少時間，請了多少專家來研究？這是經過多少專家下去審核通過，蓋了多少個章的？結果，卻是這樣。

在我公司，沒在做這種手段管理的。要做什麼，不是只有我知道，大家都知道。奇美每個禮拜有一次高層幹部會議，現在這個廠要投資什麼，就你去做，那個廠要做什麼，就他負責，大家只要報告大致的花費，但是，報告出來的數字和實際做的都差不了多少，而且一般還會減少一些。

這就看出來，政府的管理是沒用的，絕對要先做的就是管理鬆綁，要授權。

權力若下放，效率就會提高。

55

國家統治要好，一定要了解「老鼠理論」

我常說一個「老鼠理論」。我們看到家裡有老鼠，通常第一個反應就是用毒藥毒死牠，再來就是用抓的，捕鼠夾啊、老鼠籠啊，統統搬出來用。

可是，老鼠吃藥只有第一次，第二次牠就不吃了。抓也一樣，第一次牠被你抓，第二次你就抓不到牠了。老鼠是很聰明的，這個經驗我看大家都有，所以到最後為了把老鼠趕出去，有人就用火來燒，整間房子燒光光，牠一定出去！

「老鼠理論」的啟示是什麼？

首先，你要去了解自然的原理：你要蓋房子，就要容許一兩隻老鼠的存在。

犯罪也是一樣。善與惡，好與壞，犯罪的人和沒犯罪的人本來就是共存的，人的社會永遠不可能很pure（純淨），你就要容忍這些。我的集團有數萬人，也不是每個人都是好的。但是，我不去看壞的人，我也很少處分裡面的人，因為好的人會影響壞的人，所以，你就要容許一些不好的人或事存在。

第二個啟示是：老鼠的數量，是由你給牠吃的東西來決定的。老鼠假使有十隻，你不要怪牠，要怪你。因為你天天餵牠，吃剩的東西隨便丟，老鼠自然就會來。你若把吃的東西收好，老鼠一隻一隻，就會自己跑出去；因為沒有東西吃了，牠們只好出去找。

政治跟社會的犯罪就是這樣，不要老說黑道如何如何、貪污又如何，要看我們的環境是怎樣在讓他們犯罪。

我常在講，黑面琵鷺不會來台北，一定是去曾文溪下游。為什麼？因為那裡有東西吃，這就是Ecology（生態）。同樣道理，有什麼不好的事發生，不要怪別的，一定是你的環境容許它發生。

所以，從生態的角度來看，大部分問題都是政府自己造成的。第一，人本來就愛賭博，韓信就是設賭場啊，無聊時一定賭博，讓他發洩有何妨，是不是？

第二，真正要檢討的，是你的政策違反人性。你看，香港政府的收入中，跑馬占了百分之十幾，人民高興，政府也高興，中華民國為何不讓地下的賭博拿到檯面上來？過去爆發過嚴重的棒球簽賭案，這種事情，我們民間老早就知道，只有政府裝做不知道而已。像這種事件，政府就應該自我反省，不要發生一件事，就一直指責這些人如何如何。

就像我，公司裡員工若離職，我不能怪他，我一定是待遇不好或環境差，他才會離職。我裡面的員工若做壞事，我先想我的制度一定有問題。這樣想的時候，對彼此、對大家都好，可以真正解決很多問題。

所以，政府若尊重人性，就應該放人民自由一點。應該把賭博從檯面下拿到檯面上來，讓那些愛賭博的人賭得爽快。

你要知道，喜歡賭博的人是真的很悽慘。就算你跟他說：「明天再去賭，要把你的手剁掉。」他還是照樣去。你一定要給他一個空間才行。

政策不能違反人性，所以國家的統治若要好，一定要了解「老鼠理論」。

56 老鼠要在哪裡抓，是一門技術

前面提到，政府若有生態學的思想，可以解決很多事情。

我曾經和警察爭論一件事。他說，走私不抓不行。我說，好，但你有能力抓嗎？要抓毒品走私，你在機場有能力找嗎？實際上是沒有，找到是好運而已。實在講也不是好運，都是靠密告的。警察在機場攔檢，其實只是靠著「奇檬子」（心情、感覺）而已。

我就說，你們警察在抓老鼠，都是老鼠在跑的時候才抓，但是老鼠跑一跑，一定會去找水喝、吃東西，你若在那裡守株待兔，十個警察就夠了。可是，若你趁老鼠在跑的時候去抓，一千個警察都不夠，而且未必抓得到。

博物館的畫，大多數是我選進來的。
當世界都在炒作抽象派的時候，我反
而去買古典寫實的畫作。

所以，老鼠要在哪裡抓，是一門技術。

你要查嗎啡，把所有外國來的旅客行李全部打開，也查不到一件。但是你若晚間去西門町找十個人來驗尿，一定有一兩個會中獎。在西門町，一兩個警察就能應付，在海關卻得大海撈針，一千個警察也沒辦法。

但是，政府每一個單位都會說，沒有我這個單位不行。事實上，是不對的。你去藥局說，我頭痛，請給我最好的藥，藥局會給你「最好」的藥嗎？他會給你「最好賺」的藥。最好賺的藥當然也加減有效，同樣的道理，公務員寫給上面的報告一定是從他的立場，對他來說最有利的角度寫的，要說寫得多實在，這是不可能的。人都會自我保護，這是人性。所以由下而上的報告書，我們就要有一番斟酌，上面的人就要經過filter（過濾），不能直接採用。

我們做任何一件事，都會遇到錢不夠、人不夠的問題。每個單位都會遇到，不是只有政府。但奇美就是省人、省錢的專家，奇美ABS做到世界第一，靠的就是省人省錢這套 know-how。我的原料沒有比別人便宜，我沒有受到政府任何保護，也沒有銀行做我的後台，奇美在艱難的環境中成長，完全是用省人、省錢這個know-how做起來的。

假使我沒有這套know-how，奇美不會有今天。

我是很懶惰的人，我想全世界應該沒有比我更懶的，有的話也是很少。我很怕上班，有人要來跟我報告，我都說：「拜託一下，報告短一點。」我在公司，要求從業員最好不要寫報告，所以奇美在全世界的公司裡面，可以說是報告書很少的公司。口頭報告只要三、五分鐘；若是用寫的，你就會想說要小心，不然會留下證據，所以可能就要寫上兩三個鐘頭。這都是浪費時間的，而且對我這個看的人，還會看得頭很痛。所以若是公文，我都不看。我身上也沒有筆記本，一輩子很少在寫字，連印章放哪裡我都不知道，但是我做生意六十幾年，沒有出過事情。

奇美的制度就是充分授權、目標管理。在我的公司，每個人不需去想要對上面的人寫什麼報告，他可以全心全意去工作，我就是給他們這個環境而已。我想，我這套管理辦法若拿來政府做，一定也很有效。

57

抽屜理論：政府要成功改造，必須先歸零

我們整理抽屜的時候，若是只把裡面沒用的東西揀出來丟掉，一般只能揀出兩成。可是若換一個方式，先把抽屜全部倒出來，再揀出最需要的，就會只剩下兩成。

我們的政府，就是不懂得清理自己的抽屜。他是抽屜打開，然後想說裡面有沒有「不需要的東西」，因此他看到東西時總是想：「說不定這個東西我還會用到，不能丟！」

所以政府十幾年來說要人員精簡，但我看數字，卻是年年增加。就像小姐減肥，越減越肥。

這就是舊觀念沒有打破。所以你看，什麼人上台都說要拚經濟，農業政策卻還停留在一百年前的思想。你現在若跟小孩說「沒米了」，他們會緊張嗎？他們不會緊張。你要說「沒有麥當勞了」，他們才會緊張。一百年前的生命是糧食，一百年後的生命已經是能源，當環境已經改變、飲食習慣也已經改變的時代，你就要懂得調整過去以稻米為主的政策。

現在的社會，並不是過去的延長。在科學跳躍的時代，以過去的思考模式並不能解決目前的問題。

每一個地區、每一個民族，實際情況都不同。時代也不同，一百年前和現在不一樣，不能隨便拿個兩、三百年前歐洲的法令來這裡，就直接照著用。

我們來看，一百年前民智未開，政府得強迫民眾接受教育來提高國力。但是今天，家長最重視的就是教育。教育已經是一個成熟的市場，有必要由政府來做嗎？只要政府開放學校的設立，以台糖的土地協助民間興學，有必要再花上千億的支出嗎？我們有必要在花蓮設水泥廠，蹧蹋花蓮漂亮的山跟水嗎？國外水泥比較便宜，為什麼不由國外進口就好呢？

說這些，是對有些人比較失禮。但是，現在大家憂心國家的發展，都說是「國事如麻」。其實，政府現在是法令條文如麻，修法也不知要從何修起；組織那麼龐大，也不知要從何改起。政府改造的工作我聽過官員的報告，感到真複雜，也感到他們實在很辛苦，改了半天還是毛病百出。

為什麼不從頭做起呢？

一個人長大以後，若只是把衣袖加長、領子加高，再把衣身加大，到最後，衣服就會不像衣服，倒不如重新做一件合身的。

這就是我講的「抽屜理論」。整個清空，一切歸零，實在有需要的東西再挑進來就好。所以政府再造若要成功，就要先思考最基本的問題，應該全部先歸零，重新規畫起。

58 政府的好壞，要看它能為人民帶來多大幸福

從歸零來思考，有人民才有國家。那到底國家是越大越好，還是小而美比較好？是合起來比較好，還是分散掉比較好？

我先來講一個故事。

我住在新加坡時，常開著船到靠近印尼的公海釣魚。有一天，我釣了很久，一艘海上警艇開過來對我說：「先生，我在這裡看顧你們很久了，你們都不動。但是我現在肚子餓了，要回去吃飯，你可不可以開進內海一點，免得賊船來搶劫？」

我覺得，在這樣的國家繳稅很值得。

我經常舉新加坡跟香港做例子，就是看重他們的行政效率。他們不是那麼民主的國家，我不欣賞他們不民主的選舉，但是，他們的選制雖然不民主，在行政上卻很接近民主。我們正好倒過來，是形式很民主，但在實施時很接近愚民，把百姓都當做憨人或壞人。我們這裡反而比較惡質，表面上稱這是民主，但實際的作為不是民主，因為我們的法令、我們的制度都不民主。

政府的核心思想一直是「加強管理」，為了管理的方便，所有麻煩事都丟給平民百姓。我講這個故事用意在說，看政治一定要由人民的角度，要有一個人民史觀。所以評估一個政府的好壞，不在於它的組織型態和規模大小，要看它能為人民帶來多大的幸福。

就像一間公司的大小，是股東的事；能領到較多的薪水，又有較多的休假，才是員工所追求的。

所以國家到底是合起來好，還是分散的好？應該有機動性。

譬如十九世紀，那是一個侵略的時代、戰爭的時代。在那樣的時代，若有五個兄弟都住一起，有人來侵略，喊一聲就可以了。道理很清楚：人多才安全。就好像古早時代是大家族主義一樣，是安全上的考慮。你看客家人蓋的房子，那些傳統的客家土樓就是圍在一起的，因為土匪一定會來。當搶劫比做工更好賺的時候，他當然來搶劫，你也不能說搶劫就是不對。

但是，如果已經是沒有戰爭、沒有侵略的時代，大家當然分開比較好。就像現在，已經無法產生傳統的戰爭，是原子彈一投就解決一切的時代，當然是分散比較好。

所以，這跟時代環境有關。每一個時代有不同的需要跟條件，一百年前若是分散，就會被人吃掉；現在這個時代已經失去那些因素或需要，當然是國家愈小愈好。

為什麼？道理大家都知道，小的話，機動性比較夠，行政效率也好。

政府這部機器如果太笨重，管的又多，又管不好，不但沒辦法替人民帶來幸福，反而是帶來不幸。官僚、貪污、黑金，沒有效率又不公不義，環境問題一大堆！

在這種情形下，我開始想：為什麼不能歸零，回到原點？

這個原點，就是我心目中最理想的國家，過去的威尼斯、佛羅倫斯，現在的瑞士、新加坡。小而美的城市國家，在日本叫做「堺」。西方的文藝復興，就是從佛羅倫斯、威尼斯這些城市國家開始的。商人在小港口附近挖河築城，形成海上貿易的自治城市，做什麼都好，就是不讓政府干涉。你看，他們開創出來的藝術文明、商業文明，或是宗教改革，五、六百年後的我們還深深受到影響。日本是差不多在戰國時代，堺就保持獨立了，人口只有五萬左右，現在日本的大阪文化就是從那裡誕生的。

城市國家的特色，就是看得到、隨時做隨時修正、效率高。

所以莊子說，最理想的國家就是可以聽到鄰國的雞啼聲。他完全主張小而美，你對自己負責就好了，每個人都是一個獨立自主的小單位，不妨礙別人就好，他的理想就是這樣。城市國家能夠在短短時間內發展出成績驚人的文藝復興，就證明莊子的想法是辦得到的。

59

我心目中的理想國，就是小而美的城市國家

若能回到事物的本質重新思考，政府要做的事就會很少，政治就會單純很多。所以我認為，應該放棄「大政府」的舊思想。政府應該是小而美，不是大就「有為」，就比較幸福。

無論從機構的層級、人員的數量，或是預算支出各方面來看，我們的政府都是一頭大怪獸。

我們人民扛著「大政府」帶來的沉重負擔，可是，我們有享受到「大」的方便、效率跟服務嗎？有感受到政府讓我們覺得很光榮嗎？

現在的政府是大到不得了，肥到不得了，可是，政府不曾問過我們人民是否需要這個大政府。可以說「大有為」這種觀念，都是政府自己的頭殼裡幻想出來的。

所以我那時候就說，政府存在的原理要找出來。我可能比較極端，我認為政府若要真心改造，基本觀念就要從無政府時代開始重新想起。

我再來講一段歷史故事。清朝時，台灣實質上就是一個無政府狀態。它只有「點」的治理，就是城，一出城門，政府就不管，也沒辦法管。在點之外，它是一個無政府社會，所以城門都是下午四、五點鐘就要關閉。為何要關閉？讓壞人不能進來！城門裡面少數的人我要保護，城門外大多數的人我不管。我母親生於清朝，她就常說，當城外發生飢荒的時候，有時候城門會被衝破，外面的人會進來搶劫。

當時的政府也會來收稅。它收稅的型態，其實就像現在的黑道保護費。

在這種無政府狀態下的台灣，日本人如何可以在二十年間，把未開化的台灣治理成守法的、一種具有現代國家型態的地方？我認為，這就是政府改造首先要思考的。

在這之中，功勞最大的就是後藤新平。他是醫生，日治時期第四任的民政長官（一八九八～一九〇六），但是權力很大，因為當時的總督兒玉源太郎完全授權給他，等於他是實質的總督。日治時代一直到第三代總督時，日本還是需要派很多軍隊來處理抗日游擊隊的問題，軍費負擔很大。

後藤新平怎麼做？他上任後做的第一件事，就是把一千零八十個讀法律、政治為主的日本人送回去日本。他說，有你們這些人在這裡，我沒辦法做事，你們要把日本那套搬來這裡用，這是行不通的！他完全用一種自然的方法，他說，我所需要的，是能夠讓一甲土地有兩倍生產量的人；第二，台灣人有台灣人的習慣，沒有必要去隨意破壞，他們已經有自然的、自治的機制在。

其中最重要的工作，就是調查台灣的風俗民情。他找了一些人，費很多力氣去做既有習慣的調查，包括地籍、人籍、所得等等，然後順勢稍作改變，落實下去做為施政的根據。這些資料，我們到現在還在沿用，就是很有名的《臨時台灣舊慣調查》。

後藤新平的基本作法，就是「台人治台」。他利用辜顯榮成立保良局，由他負責解決治安問題，還可以利用辜家的資金。對部分抗日英雄，就以利益招降，因為其中有一部分是會欺壓百姓的中間剝削者，所以就讓他們承包基礎工程，例如鐵公路、港口的建設等等，用商業利益來降低龐大的軍費支出。然後，他還建立保正制度，十戶一甲，十甲一保。保正就像現在的里長，他授權給保正很大的權限，你這個保的事情自己解決，做一個自治區。他也不顧日本國內的反對，對鴉片採取漸禁方式，也把鴉片的販賣權授給保正，但是販賣鴉片的收入是用來改善衛生環境，延長百姓的壽命。

後藤新平這套作法，使當時的台灣變成了夜不閉戶，治安沒有大問題，沒有大賊、只有小賊，這就是保正在負責的。在清朝時期，收成前會來搶糧的土匪很多，請打手的支出很大；但是到了日本時期，這項支出就沒有了，一九三〇年代烏山頭水庫蓋好以後，嘉南平原的有錢人很多。

我講這段歷史，不是在稱讚日本人什麼都對，而是說，這些以生態學理論出發的統治方法，可以做為政府改造時候的參考。

這也是為什麼我主張政府改造應該一切歸零，由無政府時代開始想起。你的觀念若不打破，再怎麼改都還是大政府。從這裡開始想，政府真正需要做的事情就會只剩下沒幾樣了。

也就是說，最理想的政府就是「管越少越好，做越少越好」。我給你充分的自由，只要你不侵害到第三者的自由就好了。假如你的自由可能會妨礙到別人的自由權利，當然我得要出來處理。無政府也會產生弱肉強食的情況，所以在一個文明的社會，就需要有人出來主持公道。但也就這時候再介入就好了，這就是最好的政府。

我做董事長，什麼事都不用管，公司就會賺錢給我，這就是最好的。若什麼都需要我出來，就不是好的，這表示你用的人才都無法發揮。

還有一點絕對不能忘：社會福利和行政效率是兩回事，在思考解決問題的時候，千萬不要混為一談。一定要在保持社會福利水準不能下降的前提下，重新來思考政府的功能。也就是說，做改革的時候，你的目標管理一定要很明確，就是減人、減少不必要支出，但是人民要照顧。這樣，才能達到政府主持正義又有效率的目的。

所以政府存在的目的，就是主持正義，另外就是照顧人民，剩下的管越少越好。三樣而已。

這就和現在很不同。現在的政府是在「什麼都要管」的前提下來思考，和「不需要，但最低限度需要些什麼」的思想，就有很大的不同，改革就是在這個地方。

在亞洲，連日本的寫實收藏也沒有我多。真正那些古典的，需要功夫的畫，還是我這裡比較多。

60

民間能做的，政府不做；地方能做的，中央不做

從歸零來思考，政府可以放掉的東西就很多。

怎麼放？過去政府最大的問題，就是管太多，中央政府一手壟斷資源，地方政府根本插不上手。

要落實民主的真正價值，我認為政府應該秉持自由、平等的精神去改造。第一個就是授權，第二個是鬆綁，去除管制（deregulation）。

怎麼做？貫徹一個重要原則：凡是民間能做的，政府不做；地方能做的，中央不做；凡是市場可以決定的，就交給市場。

政府的限制若多，百姓的智慧就會喪失發揮的空間，做什麼事都要先想法令是如何、政府規定是如何；你若讓民間自由去發揮，百姓的智慧自然很高。人若像一張白紙，他就會一直想，可以自由畫出不同的圖；若一開始這張白紙就被畫上格子，再怎麼想都會只在這個格子內。

你們在社會都是高級的知識分子，我是很幸運的和漁民、山裡的人、鄉下的人有接觸，這些人很「古椎」（可愛），而且頭腦很好。真的，在那個自然的資源和自然的環境中，他們更厲害，是真正的專業。所以我也常在想，我們到底是比較聰明，還是比較不聰明？

我想，我們也不能說自己聰明，也不能說他們是傻或聰明。只能說我們出生後，從接受體制的教育開始，就像孫悟空的緊箍咒，已經被套住了，所以只能在一個框架內來思考。古早人思考的範圍比較寬廣，現代人越來越窄。法律也是這樣，越規定越細。每個人的思考範圍越細、越窄，對環境的適應能力也越「憨慢」（笨拙、緩慢）。

我要一再強調的是：政府無須管這麼多。管，會浪費資源，被管的人也要去應付政府。就像父母養育小孩，小時候父母操煩他們非常多，從起床、吃早餐、拿書包、上學……，一直照顧到孩子從台南到台北去上大學，父母還在煩惱這個那個。其實人家到台北去以後，都把自己照顧得很好，男朋友也自己交，不需要你介紹，不是嗎？是父母自己想不開而已。

所以政府一定要認識到，即使這些制度都沒有了，台灣也不會亂。

我再整理一下我的理念，就是說，政府改造一定要利用自然的力量，以生態學的理論來思考政府的統治。

這就要先認清：自然是什麼？水一定是從高的地方流到低的地方，人是貪的，錢放在那裡大家都要撿，這就是自然。在人民可以接受的自然原則下，你來做事情；不要用你政府自己的思考硬要來做，逼人民勉強接受。人民不一定會接受的事，你盡量不要做。若能這樣的話，最好的方法就是「鬆綁」，這是第一個原則。

到現在我兒子是什麼學校畢業，我也不知道，也不需要知道。很多人是想要炫耀說，「我兒子是博士」，對吧？我兒子又不是我要吹牛的工具，他自己感覺滿足就好了。若政府能夠這樣想，就會很輕鬆，人民也會很輕鬆。

再來，過去的政府裡，都是國外回來的學者在規畫政策，用他們的理想、用國外完全不一樣的國情來規畫台灣社會。我認為，我們應該再一次回歸自然，看清楚自己的環境是什麼、條件是什麼。在我們這塊土地上，人民智慧很高，也有自己的文化、認同和習慣，所以若要發揮人的最大潛能、發揮地方最大的特色，就要「授權」，讓地方自治，這是第二個原則。

我就說，我經營事業沒有絕招，「授權」二字而已。我在公司很少指示工作要如何做，我只有一句話，工作環境不好是我的責任。所以我的工作只有一項——我負責營造一個公平的環境讓你們發揮，其他就是目標管理。不然我今天告訴你如何做，明天你又會來問我，我永遠要擔這個擔子，你的才能也永遠無法發揮。

至於整個政府改造的具體作法，我的建議是兩項：地方自治和民營化。這兩件事如果不談，卻說要政府改造，都是空談。

至於要怎麼做？有哪些好處？我們後面就來說。

61 中央授權給地方，社會比較正義

我認為政府改造具體作法的第一步，就是地方自治。為什麼中央的權要下放？這樣做有什麼好處？

首先，很多人都說，政府的存在是為了主持正義。這句話說起來是很簡單，大家也都同意，問題是，正義的定義是什麼？是「誰」的正義？

政府不能用自己的定義來談正義，要從人民的角度，要看百姓對政府的表現有沒有滿意。例如連我也收到老人年金，說起來社會就是很不正義；但我一輩子沒在犯罪，卻常被當做嫌疑犯看待。這就是因為中央管太多，權跟錢一把抓，造成種種正義的失落，社會不公。

如果中央能充分授權給地方，我認為，社會就比較正義一點。

第二，民主政治是向人民負責，不是向中央負責。民間的智慧是很高的，但是，現在中央怕地方亂，要地方向上面負責，而不是向人民負責。為什麼有人敢貪污，鑽法律漏洞？就是因為中央到地方距離太遠，政策都無法透明。很多政策明明對人民有利，為何議會卻敢反對？就是因為百姓都被蒙在鼓裡，人民都不知道。

市政的監督，應該來自市民。

要降低官商勾結和貪污腐化的問題，就要靠人民。所以，這需要一套透明化的制度，政府的帳目與採購都要公開。這就是「透明化政策」，所有的公共事務都像玻璃一樣透明，讓你看得到。

政策的透明化要怎麼做？歸零，回到小行政區，才有辦法建立有效果的透明機制。若地方重大的發包與政府事項都需要向市民報告、向縣民報告，就可以大幅壓縮官員與民代勾結的空間。

落實真正的地方自治以後，縣市議會的質詢都要公開。縣市長每月都要寫報表，把過去一個月的政府收支寄給人民看，也定期公布在電子網站中。收入多少、支出多少、錢怎麼花、招標和採購過程，都要報告；不是向中央報告，是向地方人民報告。以台南市來說，如果一座橋造價三千萬，台南市至少有一百多人懂工程，有沒有離譜，明眼人一看就知道。

只要報告出來，自然會有一些內行人來監督，地方首長或民代就無法使壞。

這還有一個好處，人民也會拿來互相做比較。譬如，台南人也會拿高雄的報表來比較，高雄人口比我們多兩倍，但是他們的人事費用如何？他們的建設費又怎麼花？百姓是很聰明的，他可以根據這些報表來了解政府。

人民並不是笨，是政府的宣傳政策要讓你笨，才會出現人民的數理水準很高，可是卻對於稅金跟政府支出這類數字一無所知。所以，要做一個好的政府很簡單，就是資訊先公開，要教育民眾對政府的關心。

現在的問題是，執政者不願公開資訊，民眾也自然認為這是執政者的事，和他沒有關係，造成選舉時他有五百、五千塊可拿就好，就會惡性循環。

我的第三個理由，就是地方自治可以解決黑金政治。

過去長期中央集權的結果，現在一般都說地方有黑金，是黑道、派系在把持，所以只要一提到地方自治，政府就說「權力下放，黑道就來了，什麼就來了，會產生不公」。我是認為，事實剛好相反。

實際上，這是上面在騙底下人民的話。中央政府不斷在灌輸人民說，我若沒有管你，壞人就會如何如何，都編一些理由，拿這些當藉口來避免改革，或是把改革做得很複雜。

黑金政治會產生，政府跟民代會勾結，就是政府長期中央集權造成的惡性循環。我可以舉些事實給你們聽。在工業局一年預算五百億的時代，縣市政府的工商課一年不過幾百萬，中央若認為需要扶持某一種產業，就撥個二十億、幾百億，看民間有幾家要做，就來申請。又譬如文建會，一年預算六十幾億，但地方要辦個文化活動想申請個一、二十萬都很困難，所以這時候，民代就上場了。

政府官員是很愛搞這種的，每個部會都愛。因為這是他們的權力，要給姓王的或是給誰，再告訴媒體跟人民說，就是因為我有補助，某某產業才會發展、某某活動才辦得起來。

政府就是喜歡搞這一套，這一套就是黑。

黑之所以可行，關鍵就是中央並不了解地方的現狀。你再怎麼分，都不可能公平，有人可以爭取到、有人不行，到最後就要靠關係。所以在申辦各項手續的過程中，就有民代插手的空間。如果你拿了兩千萬，這是多出來的，若拿個四、五百萬給民代，也是應該的，然後選舉時也一定投他。所以過去在省議會、在立法院，他們等於是拿槍逼政府編預算，好讓他們去包工程。中央一些不好的法令到了地方，地方人士卻很寶貝，為什麼？因為若沒有這些壞法令，就沒有錢賺了！你看，現在的狀況就是，你若有什麼手續辦不出來，找民代就對了！利益分三份，什麼疑難雜症都幫你解決！

所以我前面講過一個「老鼠理論」，老鼠若在一個環境裡可以生存，一定是那個環境提供了牠生存所需要的糧食。要消滅老鼠，你用老鼠藥、捕鼠籠或是老鼠夾，效果都不好，老鼠還是會回來。一勞永逸的辦法，就是消滅食物來源，牠自然會離開。拿著棍子到處打老鼠，那是笨人在做傻事，時間太多。

這就是說，就像食物會引來老鼠，是制度產生了黑金，是因為你提供了黑金的環境給他們。當中央的餅太大了，老鼠自然會來。只有制度改革，餅沒有了，老鼠才不會來。否則在這種環境下，不管誰來執政都一樣，都會有黑金。

所以，地方自治是絕對要走的路。要減少黑金政治，就要讓政府層級越扁平越好，離人民越近越好。少一個人管理，黑金的機會就少一次，因為離人民越近，透明度就會越高，監督的機會就會越多。所以政府要扁平化，一定要地方自治，未來就是中央與地方，兩級政府就好。若真正需要文化活動，就直接撥給地方用，讓地方縣市長、議員管理就好；工業局也不必花這五百億，給地方五十億就夠多了。同樣是污錢，若經過三四道程序，就要污個三四次。

62

好的執政者，一定是尊重在地文化、在地習俗的人

除了前面的三項，地方自治還有幾個好處。

小的行政區，就像威尼斯、佛羅倫斯或新加坡這樣的城市國家，可以發展出偉大的文藝復興。因為國家的競爭力是在城市、在地方，不是在中央。這是第四個好處。

中央是花錢的單位，地方才是生產的單位，去台北開會、報告，這些都是minus（負面）的行為。

譬如高鐵，它是載人的，不是載貨的，那是讓人從地方到中央的時候，時間可以縮短。若

以我們公司做比喻，在奇美實業那裡約有一百甲，裡面有五十間廠，在裡面你若用走的，要走上一整天，就算騎腳踏車可能也要一個鐘頭。所以，高鐵就好像在我公司裡要從一間工廠到總部，是以高速的方法進行。這個東西的意義是：只有你每件事情都必須到總部報告時，才需要搭高鐵；只有你任何事情都要到台北報告時，你才會認為坐高鐵很快。可是，若採用我現在的制度，你根本不需跑這一趟。因為我都讓工廠獨立了，「工廠就是總公司」。所以，哪一種制度比較好？

其實，台灣最需要的是什麼？不是高鐵，是每個縣市裡的捷運。

交通是每一個縣市的基礎，像一個城市的血脈，國家的生產力是從這些地方來的。現在一個員工要到公司上班，因為塞車，一天來回要花兩三個鐘頭，國家競爭力都消耗在這裡了。在這種情況下，你幾個議員要到台北開會少個一兩個鐘頭，有多少意義？

資源若能下放，地方不知道能做多少事！

事實上，地方政府都比中央更聰明。因為他跟人民的接觸近，智慧也比較高，有些問題他知道行不行得通。若到了中央，就真的好像一個皇帝說「何不食肉糜」，中央的人好像都有這種想法。

尤其，中央就是喜歡用國外回來的學者，不是說他們不好，而是外國的環境、文化、守法的人民在用的法令，你拿回來給頭腦會轉彎的人民使用，也是沒效的。很多學者從先進國家學回來一些東西，看見一些問題就要套著用，這是見樹不見林，所以經常與現實脫節。我為什麼要說後藤新平把一千多個日本學者送回去，觀念就在這裡。好的執政者一定是尊重在地文化、在地習俗的人。

譬如你要做生意，一定會想說：「我的產品要比別人便宜。」這是什麼憨人都想得到的。若讓縣市獨立自治，地方首長就會想說：「我要用最少的錢做最多的事。」這就是效率。他會講一些讓百姓靠過來的話：我這裡稅金比較便宜，讀書不用錢，土地租給你，怎麼樣鼓勵你們來等等。縣市長整天的工作，都是和這些人接觸，自然會產生百姓需要什麼的智慧。人民也會做比較，譬如我做生意的人，繳給台南市的稅金只有五萬，高雄是七萬；小孩來這裡念書，可以比別的縣市減少多少等等。

中央權力下放，就像面對戰場的千變萬化，第一線指揮官擁有最大的權力，不是聽命幾百公里以外指揮部的指揮，這種軍隊「最勇」。

地方自治，城市就變成自由競爭。自由競爭，就會創造出良性的、最經濟的方法出來，每一個縣市就會發揮出最大的特色。在這其中，就會產生很合理的制度，需要和不需要的事情自然也會很清楚，到最後就是人民得到利益。

所以若用我的思想來做政府，機動性就會很大。我也不會限制什麼，若雲林認為發展工業不適合，要把這些產生污染的工廠都趕出去，專門發展觀光，這樣也可以。因為觀光客一看到空氣污染，下次人家就不來了。縣民若贊成把工廠趕出去，那就趕出去，像宜蘭就是發展觀光。

又譬如，如果台南縣市抽稅抽很重，治安搞不好，人民就會很想跑去高雄住，這自然產生一些問題，表示這個執政者是不對的。可是即使這樣，也不需要中央插手，因為有定期選舉，百姓自己會想若這個人做不好，我們就把他趕下去。這就是制度，如果四年太長也可以改成三年選一次，民主就是這樣。

再來，還有第五個好處，小行政區比較有效率，這是誰都了解的道理。

中央的錢跟權都下放以後，各縣市稅金自己收、自己用，只要一小部分給中央，讓它去做全國統一的事務就夠了。在小的範圍內，不合理的事情會比較少，因為眼睛都看得到，政府跟人民也會比較親近，這就是你們說的accessibility（可近性）。

若台南市是一個獨立王國，因為市民天天都在看，有問題馬上打電話給市長，明天就解決了。可是現在你們在台北花什麼錢，我們都看不到，只知道我工廠在南部，可是稅卻要繳到台北；我的工廠明明在台南，卻跟台南縣市沒有關係，而是要找經濟部。可是，經濟部又不了解地方發展，造成這中間經常產生很巨大的時間落差。在企業，時間就是生產力，就是金錢。

回到根本問題，若愛自由平等，台灣要走的路就是地方自治。小而美真的好處很多，有效率、透明化、減少黑金，然後社會比較有正義、城市有競爭力、人民也可以很自由。我相信，這不是我一個人的理想，是大多數人民共同的理想。

我們收藏的名琴，不論是品質、數量還是廣度，以私人機構來說，已被譽為世界第一。

63

直接變成城市國家，或是採取聯邦制

地方自治要怎麼做？最快的作法，就是直接變成城市國家，二十三個縣市都讓它獨立，或是採取聯邦制，八十%的權力下放給地方。若要救台灣，只有這一步。

如果覺得二十三個縣市太多，可以學習美國的聯邦制度，把台灣分成五、六個行政區，以聯邦的方式讓它各自獨立。這也是日本人經驗並且做到成功的制度，應該善加利用。當然，前提是得取消直轄市。同樣都是人民，怎麼還可以區分成大某生的，還是細姨生的？這些違反憲法平等原則的種種制度都應該調整，讓它公平。

聯邦制度之下，每個邦的自由度非常高，中央政府管的並不多。台北縣市、宜蘭、基隆是台北州，另外有新竹州、台中州、台南州、高雄州、花東州，數目只是參考。即使台南縣市單獨做為一個行政區也可以，它的人口加起來將近兩百萬，做一個國家也不算小了，你讓他升級成自治區，難道百姓會有什麼問題？全國劃成二十個行政區都無所謂，重點是錢給它、權給它，市民若能滿足，下屆也會選給你，中央何需來管？

就像每個家庭情況都不一樣，北部和南部也不相同。你若給地方很自由的環境，它可以充分發揮自己的競爭力，建立地方的特色；又因為自由競爭，還可以產生很公平的政策。這樣，中央既不用花錢也不用費神，地方的人也歡喜，好處實在很多。

有人就問說，那「聯邦制」這帖藥，會不會太激烈了一點？

我是認為，這個方法真的比較簡單。大家應該先把頭腦放空。民國三十四年到三十六年之間，日本政權已經放棄權力不管、國民黨政權還沒來的那二十幾個月，是台灣最美好的階段。台灣人就像爸爸死了，媽媽不在家一樣，把自己打理得很好。父母不在了，小孩自己都會乖一點。那是一種很理想的「無政府狀態」，是台灣精神的黃金時代。

所以，中央不要擔心沒有它地方會不行。好的領導者，要能提出切身共同的目標。所以李登輝總統時代，我說假如「濁水溪以南歸我管，稅金可以減一半」。不是我比較有能力，而是說，好政府的定義是稅負輕、治安好，我們為什麼不先說「稅金減半」，然後用另一半的錢去做事？以台南市來說，若預算只有兩百億，你就用這兩百億去把事情做好，施政優先順序先決定好就好啦。有人會認為教育重要，有人會覺得穿得漂亮要緊，只要你的市民滿意就好了。

也就是說，如果權力下放，縣市就會產生很大的智慧。我的稅金如果比較高，沒有人要來，這是人民都知道並且會接受的自然原理。政治思想若不是從人民的立場出發，喊再多都是空的。

所以，我是很愛台灣真正做一個城市國家。若可以這樣，百姓會很好，事情會很簡單，錢會很省，效率也會很高。

64

消滅中央集權，人民會比較自由

政府改造的第二步，就是要鬆綁、「去管制」（deregulation），要自由化、民營化。只要「民營化」的這帖藥下去，中央集權就會慢慢被消滅，政府效能提升，人民會比較自由。

我所說的「去管制」，關鍵在於三項：第一，政府組織民營化；第二，國營事業民營化；第三，完全的自由經濟。

地方自治以後，中央要管的事情就會沒幾項，所以政府首先一定要減肥，組織一定要精簡。

我們來看新加坡，它是一級政府，總理就像是市長，國會議員就像是市議員；香港也是一級政府；日本是兩級政府，中央有十二個省廳（部會），首相管四十三個縣市，村長、町長都是指派的，只有兩層選舉。

可是台灣，卻是四級政府，總統、省、縣市與鄉鎮，選四層。原本我們還有五層選舉，因為連里長也在選。現在省是凍掉了，沒再選，所以還是選四層。可是每選一次，就分掉一些權力，權力都分光了，就等於都沒有權力。大家都在做事，就等於都沒有人在做事。這就是花蓮海洋公園計畫，六年蓋了一千多個章的原因。我就說，這已經破金氏紀錄了。但我曾聽呂秀蓮副總統說，還有一個更厲害的在桃園縣，有一個開發計畫拖了十年，蓋了一千一百多個章！這，可以去申請鑽石紀錄！

以現在政府機構的做法，是還好百姓太會賺錢，不然，實在是三流三中的三流三。政府效率會差，癥結就是政府層級太多，管太多。管的事情越多，人員晉用就會越多。人員越多，主管怕人閒，管的事情就會擴大。管的事情越大，分工就會越厲害，行政流程就會越拉越長。到最後，一件事要所有人同意都很難，國家組織就會整個僵化了。

我之所以要提政府鬆綁，就是希望在上位的人知道，現在的政府已經大到全身是病，不減肥不行了。怎麼減？學國外成功的經驗：政府民營化。

政府民營化的理念不是我發明的。這件事我有去了解，也特別整理了一些資料。差不多在一九七九年的時候，英國首相柴契爾夫人就推動「小而能政府」，後來工黨繼續推動，幾年下來精簡了十五萬六千人，精簡人力二十一％。澳洲工黨在一九八三年喊出了「新自由主義經濟學」，具體推動一系列的文官跟預算改革，精簡人力達到二十七％。隔年，紐西蘭工黨推動「新公共管理運動」，這個精簡人力更高，達到五十％。還有美國，一九九三年民主黨也有一個政府再造運動，就是副總統高爾主持的，美國在五年內精簡了三十三萬人，精簡人力差不多占十五％！

這些國家的政黨你若仔細去想，大部分是強調社會民主的政黨，但是人家仍然有辦法推動政府改造。在這裡面，柴契爾夫人的作法，是把很龐大的英國政府，減肥到只保留跟政策考慮、決策相關的範圍，她很有名的就是把將近七成的公務人員都轉成許可制或是代理制。紐西蘭政府更厲害，把原來四千五百人的交通部，減到只剩下大約六十人。二〇〇一年的時候，日本政府也把二十二個部會合併成十二個。中國大陸人口十幾億，他們也把四十一個部會改成二十九個！還有，美國的總統雷根，乾脆直接把教育部裁撤掉，宣布教育是各州的事，聯邦政府不要管！

這些國外的經驗，目標都很清楚，都是為了減少政府支出，減輕百姓的負擔。所以，我今天特別拿這些數字給你們看，公辦民營或者是國營企業民營化，是一定要走的路。

這裡面很重要的，一定要先確定政府存在的主要目的，就是照顧人民、主持公義、制訂全國統一的標準，你的任務只有這三項而已。只要做出有利的環境就好了，其他的事情最好都授權民間來辦理。欠缺這種觀念，政府改造只會淪為部會的裁撤和合併，大家在那裡搬來搬去，再怎麼調整都是效果有限，失去提升效率、減少整體支出的目的。

我們來想，百姓生活上最基本的需要就是治安，出門若會被搶，生活就很痛苦；孩子若沒錢讀書，父母也會很煩惱；弱勢若沒人照顧，社會就很不正義。接下來，就是交通、環境、物價。我們百姓也都會想，我們平時生活所需分明沒有幾樣，為什麼政府機構那麼多？每年花掉納稅人一兆五千億以上？

所以，若要提高行政效率、減輕人民負擔，我認為政府應該部會減半、預算減半，政府人員也減半。以這個做為目標。

譬如，可以恢復行政院為原來的八部就好了。把公平交易委員會跟經濟部合併，主計處跟財政部合併，經建會跟研考會合併……等等，人員也減少二分之一。這樣才能真正縮短部會之間的行政流程，提高行政效率。另外，政府預算規模若降低，也才有減稅空間，才能減輕人民的負擔，提高產業的國際競爭力。

同時，刑法「圖利他人」的條文也一定要先廢除。要去除公務人員不敢負責的心理負擔，這樣，印章才不會蓋到一千多顆。

當然，政府組織精簡的時候，最重要的是「人的問題」。政府的工作，原本就不需要這麼多人。所以政府改造的時候，勢必要裁掉或合併一些現有的單位，人員編制也會有所調整，你就要給他優惠的退休方法，讓他能夠安心離開。譬如，給他們原有薪水的三分之二給到退休，而且可以再去外面找工作。

對那些不願離開的人，甚至要有決心，即使讓他們領乾薪、不上班直到退休，也是可以的。因為即使這樣，政府支出還是會減少。薪資大約只占總支出的三分之一，但是你若減少實質的工作人數，就會減少行政費用、縮短行政流程。為了多一個人而讓印章多一顆，效率的拖延衝擊比較大。政府效率若提高，對企業就是節省成本，對百姓就是更大的方便。

談政府改造，很多人問我「人」的問題怎麼解決？就是這樣解決。要犧牲他們是絕對不可以的。公務人員的權益一定要妥善保護，資遣者一定要給予合理保障。人的問題，攸關整個政府合理化運動的成敗，但省下來的預算，我們可以用來提高公務人員的待遇。

我相信人民有很高的智慧，只要把改革帶來的好處讓民眾了解，一定可以得到社會高度的支持。

65 靠特權的，一定缺少競爭力

政府的鬆綁，眼前就有一件事可以先做，就是：把國營事業都先關掉。

如果注意一下台灣的政府結構，我們會發現，有相當比例的機關、人員是屬於所謂的國營事業，而這些國營事業大都不賺錢。

譬如台糖，它是日治時代留下來的，台灣現在生產糖一公斤的成本三十幾塊，但進口一公斤的糖只要七、八塊，連台糖自己都說「賣一噸就虧一噸」。生意上不能彌補損失怎麼辦？只好出售土地，這樣的情形維持了好幾十年。為什麼不關掉台糖，開放進口國外便宜的糖呢？

又譬如，鹽是用煮的，幾個進口商就好了，台鹽何必要存在？中油也是，若從新加坡進口石油，不但價格便宜，而且稅收更多，為什麼不直接開放進口？還有台鐵與台汽，這是交通部管轄的，都是每天一開門就要虧損上百萬，甚至千萬元，為什麼？難道這些事業不容易賺錢？

恐怕真正的問題，是這些所謂的國營事業背了太重的人事包袱，也缺乏具體有效的管理，才會落到這個地步。

由過去的經驗來看，民間企業的效率往往比國營事業高很多，主要就是民間有競爭、沒包袱。過去我們的公營事業高達八、九十家，可以說全世界公司開最多的，就是中華民國政府。其中，光是經濟部主管的國營事業就有十家。但政府卻說，虧損的只有六家，像什麼台電、中油、台鹽都說有賺錢，賠最多的是唐榮跟中船。

但是，獨占事業在講盈虧，根本沒有意義！不開放進口卻誇耀一年賺多少，這都是虛的。只是利用這些數字來欺騙人民，說國營事業有必要存在。

像中油，每年聲稱賺很多，這就是虛的。同樣的條件若讓民間來經營，不但利潤更高，而且賺錢一樣要繳稅，國家稅收不但不會短少，只會更多。重點是，你的價格有合理嗎？沒有，國營產品的賣價都很高。

企業若是靠特權成立，價格頂多是跟立委討論決定，不是按照市場需求來決定。這種企業，一定缺少競爭力。在自由競爭和靠特權保護之間的生產成本，差異是很大的，所以過去王永慶先生會說：「台塑生產的汽油，可以比中油便宜二十五%！」依我的作法，台鐵若讓我來做，一定大賺錢。我若從新加坡進口石油，中油會賠死；中油若死，所有的消費者都受惠。

如果國營事業民營化，人力只需要現在的三分之一，那些資產若換成錢，包括土地的再利用，一年產生的利益不知有多少。因為一旦民營化，經營者為了生存自然會去改善，效率一定比現在好很多。

所以經濟部最優先要做的，就是關閉國營事業。這些不具競爭力的國營單位，對台灣經濟的負面影響太大了，除了少數特殊狀況，都應該盡早民營化，或者業務委託外包。

包括河川或水庫的管理，像白河水庫和烏山頭水庫，請了多少人在工作，還有一些警察在看守。經濟部為什麼要管這麼多，我實在想不通。這就像總經理連工廠裡誰在煮開水也要管一樣，這些其實都應該鬆綁。水廠、電廠這些基礎民生工業在很多先進國家也是開放民營的，政府只需要做好目標管理就可以了。

民營化之後，這些壟斷的資源也都該釋放出來，讓民間活用。例如台糖、台鹽就擁有龐大的土地，土地資源如何合理運用，原本就應該是站在國家的立場來整體思考，不是由台糖或台鹽和民間去談。現在這些作法很扭曲，都是威權文化的殘留。

可是國營事業說要民營化，喊了三十年，進展並不大，主要問題在哪裡？

第一，就是人的問題。因為政府馬上會問：人員縮編以後，這些人怎麼辦？跟我前面談到的政府精簡原理一樣，你處理一件事情時，不能犧牲任何人，員工的福利一定要照顧好。你心裡要有一個準備：就算養這些人到死都沒有關係。因為你可以利用民營化以後得到的收入來改善財務，同時也用這些錢來照顧裁掉的人員。

另一個阻礙因素，就是國營事業是民意代表的「金庫」。因為必須接受民代的監督，過去國營事業的工程也大都由民代在承包，自然他們不希望國營事業收掉，國營事業也找了一百個理由拖延下去。像台糖，二、三十年前就說要關掉，到現在不但沒關，業務反而不斷擴大。照這樣發展，再十年也關不了。

66

做出一個「留得住資金與人才的環境」

提出政府改造第三個方案之前，我先來講一下我對台灣經濟發展的看法，這是有關的。台灣已經跟先進工業國家沒有兩樣了，未來我們應該是走向低成長的時代。低成長的經濟社會，也有好的一面。你若去觀察日本的消費市場，會發現因為廠商的削價競爭、互相破壞價格，商品價格是大幅下降。但是，所得水準下降的幅度卻相對很小。這使得日本的消費者能夠享受較高的生活水準，也比較買得起房子。這樣看來，低成長也未必不好。

在台灣，一項明顯很嚴重的事實，就是經濟成長和生活品質是兩回事。若經濟成長十%，但過去由甲地到乙地只要十分鐘，現在卻要三十分鐘。若經濟成長高，物價也高，各項服務也貴，人民也不快樂，這樣的成長有何意義？我寧願選擇經濟成長慢一點。

我認為，政府應該教育民間，未來台灣不該再追逐經濟成長的數字問題，應該追求實質的問題。

什麼是實質的問題？就是提高生活的品質。

要如何提高生活品質？就是要放棄一些事情，譬如，無謂的建設就不要做一大堆。那些什麼「刺激景氣」、實際上是在養蚊子的公共工程，都是浪費人民的血汗錢。我想，這才是這個時代要做的事。我很煩惱現在口號一直喊經濟成長要多少、政府跟民間投資要多少，這個問題政府應該再考慮。你已經一百公斤重了，不先減肥，還叫他跑，到最後只會喘到直接斷氣。

官員的心態若不改，政府改革做不好，經濟就不可能改善。任何人上台想的都是計畫經濟，但最要緊的自由，你卻沒有留給人民。

我是認為，台灣經濟要改善，基本上是要「留得住資金與人才」。

說資金要「留得住」，我的意思是資金不一定「要留住」；若資金應該流出去，那就讓它流出去。我是比較自由主義的人，我認為，你不需要以人為的方式，去阻止應該要流出去的資金；可是也不要為了逃稅，把原本應該留在台灣的錢故意流出去。

譬如台積電，難道他是因為政府禁止，所以才不出去？老實說，只要他認為該出去了，隨時可以不用台積電的名字，從別的國家進去。現在他沒出去，是因為他知道出去的時機未到，政府千萬不要傻傻的以為是你有一個法令禁止，他才沒出去。

若是四、五十年前，錢要匯出國外管道很少，政府可以控制，但現在已經無法控制。在這樣無法控制的情況下，我的作法是只要現實上無法控制，就完全不要管。你若無法全部杜絕、只能管制一部分，就會製造不公平競爭，因為管得到的那部分，通常是比較守法的人。

所以改善經濟沒有第二條路，政府要做出一個「留得住資金與人才的環境」。

要怎麼做呢？第一件事，就是經濟鬆綁。放棄計畫經濟，採取完全的自由經濟，最好把台灣全部「科學園區化」。竹科如何成立的，就用那種模式，把全國都變成一個科學園區。

今天我們要解決台灣的財經問題，一定要先了解問題的癥結出在哪裡。就像發燒一定要先找出病因，只有退燒是沒用的，只會延誤就醫。現在的政府官員中，計畫經濟的思想非常濃厚，若要解決經濟問題，一定要回歸市場經濟，計畫經濟是解決不了問題的。怎麼說？

我們一定要了解，台灣的經濟體質，本質上就是一個加工型的貿易經濟國家。我們是從全世界進口原料，經過加工以後，再出口到世界各地。所以，民間企業是跟世界各地的廠商同時在競爭訂單的。

這又是什麼意思？意思就是，台灣的加工經貿體質在這種全球自由貿易的體制下，政府既沒有辦法控制原料價格，也沒有辦法決定市場價格，更沒有辦法替我們爭取到訂單！台灣企業的競爭力跟利潤，仰賴的是本身不斷的自我突破跟努力降低成本，政府能幫的忙實在有限。動不動就拿政治力來干涉，只會更扭曲了整個資源的有效分配。

政府一定要了解，台灣的競爭力是在民間，不是在政府。

政府能做什麼？若以整體的生產成本來看，政府只能決定租稅、行政效率及基礎設施，譬如水、電、交通所衍生出來的成本，來影響廠商的競爭力。

也就是說，民間競爭力的主要依賴是什麼？是你有一個自由開放的投資環境。所以政府能做的、應該做的，只是創造一個自由、公平的投資環境而已。

看看科學園區。竹科的成功，不是因為李國鼎或什麼人，而是提供了自由、方便。南科也一樣，今天很多高科技廠商為何願意在南科投資設廠？除了園區享有租稅優惠，最重要的原因，就是因為採取單一窗口。手續簡便、行政效率高。在台灣，普通一塊農地要變更為工業用地，地方政府沒權決定，必須上報中央核准，期間光是公文往返所耗費的時間、人力跟金錢，就已經很可怕了。對企業來說，這是很大的商機損失和成本的浪費。所以大家會爭取進入科學園區，一百個印章變成了十個，公文從兩個月變成了一天。園區的效率高，政府花的錢卻更少，因為管理成本都省了，但百姓卻能得到更多。

自由、方便，是你不用付成本的，為什麼不讓台灣全部科學園區化、自由化？

政府之所以不願意，就是因為計畫經濟的背後，有來自所謂「民族資本」思想在作祟。為了保護「民族資本」，去擁護不具競爭力的企業，造成了今天經濟發展的扭曲跟百姓的負擔。

王永慶董事長生前來奇美的時候，曾經提起一段往事。他說，差不多一九八〇年代早期，他就提議想做輕油裂解，當時全亞洲包括韓國、日本都還沒有人做，但是政府說，不准！因為已經有中油了。王董事長就說，政府當年若沒反對，現在台灣的局面就會全然不同，經濟成長可以提早五到十年。當時，輕油裂解對國家的基礎產業是非常重要的。

當然，我曾經主張輕油裂解、鋼鐵、水泥這些重工業不宜在台灣繼續發展。但是要了解的是，我反對的理由跟政府完全不同。當時中央反對王董事長，完全是政治考慮，在戒嚴時期不讓本土的民間企業變太大。但我在一九八七年提出的時候，是基於經濟發展的階段跟環保的觀念，這是很大的不同。

我是認為，國家經濟的發展應該有時代性、階段性的考慮。就像馬克思的「三塊麵包論」，第一塊麵包是性命，因為能救活一條命；第二塊麵包是幸福，因為能帶來飽足的快樂；第三塊麵包卻會變成毒藥，因為再吃下去，你就撐破肚皮了。一個國家經濟剛起飛的階段，確實需要基礎產業，但是到了第三塊麵包的時代，就不是基礎產業了。因為基礎產業消耗的能源太多，土地、空氣污染的代價太大，到了這時候，重工業就不該再發展。

再講回來，政府不僅反對台塑，那時候也反對我擴建ABS。表面上「計畫經濟」是很好聽，實際上你在「計畫」什麼大家心知肚明，所以到最後我乾脆不管他，自行擴建。這段過程，我前面也講過。

事實上，那時候說政府黑是黑在哪裡？他要保護外省人和黨國控制的企業。所以表面上講得很好聽，說不讓百姓惡性競爭、浪費資源，你做紡織、水泥、汽車等等都要核可，連一間公司要擴廠，都要上報中央核准才可以。

這就是政府用全民的稅金在補助寡占者資源，完全扭曲了經濟原則。我為什麼提鬆綁、要自由經濟？就是要讓經濟行為回到事務的本質。

在我的思考裡，我還有一個民族性的考慮。若從亞洲來看，日本當然是一個官僚國家，從江戶時代開始，日本人就是一個很好管的民族。日本是很傳統的，需要有一個帶頭的。但台灣人是生意人的頭腦，民族性並不相同，實在沒必要用官僚主義的方式來管理台灣。所以我常在講香港的例子，為什麼香港的東西會便宜？是英國政府教他們的，還是政府拿錢出來補貼？都不是。自由多、租稅少而已。

英國統治香港的特色，就是不管你。他沒有管幾項，但對於所要求的會很嚴格執行。他就

現在世界各國若有提琴展，一定要來
台灣跟我借，連在義大利或法國辦音
樂會，都要來找我們。

是自由開放，所有物品進口零關稅、消費稅低到等於零，也沒有任何保護政策，讓你們自己去拚。所以在香港買東西都比台灣便宜，同樣的汽車、機票，價格都比台灣低上兩三成。但是，港英政府每年還拿很多錢回英國。

為什麼港英政府可以做到這樣？就是因為管得少，完全的自由經濟！管得少，政府的管理費跟浪費現象就大幅消失，國家的預算也不用太大，再加上租稅低，物價自然便宜，也等於擴大了民間消費。你看，過去全亞洲的女孩子幾乎都往香港跑，去shopping，東西便宜啊！無形中不知替香港政府賺進了多少消費稅。

講簡單一點，本來便宜的東西，是被你政府自己加到變貴的！

若一樣自由的話，台灣人做生意難道會輸香港人？台灣人是很會做生意的，你若去中小企業看他們的聰明與智慧，你會被嚇死。

所以，政府不要誤以為能「輔導」什麼。事實上，這些中小企業老闆若在你去參觀時對你好，那是看你會不會有一些專款補助，不是期待你對產品如何製作、如何銷售會有什麼祕訣。就算他真要請教你，恐怕你也幫不上忙。

考慮到我們台灣人做生意一流這個民族性，政府實在應該學習香港自由經濟的方式，不要以官僚的方式來管理台灣。

67 教育應該多元化，讓學校自由競爭

教育的問題，我想這是每個人都很關心的。現在想像一下，假如政府突然宣布「你的孩子不准去讀書」，你會怎麼想？你或許什麼事都可以忍，一定只有這是你無法忍受的。

那麼，一百年前又是如何？

一百年前若叫你的孩子去上學，大家都會反對！那個時代每個人的家境都不好，小孩也是家中的勞動力，怎麼叫他去讀書？所以古早的日本時代，警察就要到百姓家裡把小孩給拎出來，拎出來沒多久，小孩又跑回去種田、做工。

這其實不過是七、八十年前的事。那個時代，大家認為孩子不需要教育，但是政府認為國

家若要發展，一定要重視教育。

歷史這樣發展到今天，是完全不同了。現在政府若敢說「你的孩子不准上學」，我看大家絕對跟他車拚了，對不對？處在這樣的時代，今天就算國家沒有教育部，教育仍然會存在。

因為人民已經很關心教育了。要提高國家生產力、有一份好工作、達成你的理想種種，都需要教育。但是為了教育這個目的，看你是要採取什麼手段？是要讓政府辦學？還是自然的運用市場原理，把教育的工作盡量交給民間，讓人民去自由選擇？

我是認為，還是後者比較好。

當教育已經形成一個成熟的市場，就要用市場經濟的想法去解決。好的學校自然有人去讀。

多元化的社會，你要去哪間學校都不要緊，都由你們自己去決定。孩子是你們的寶貝，哪一間學校的老師較好、設備較好、孩子也喜歡，你們一定比政府更清楚。政府既不需要去指定，也不需要去指導，只要鼓勵民間興學，把學校都變成民營，學校就會彼此競爭，家長也會自行比較。若能這樣改革，升學考試也沒必要了，都要取消，學生就沒有壓力，因為都變成申請制。老師素質若不好，這間學校就沒人去！這就是市場原理，自由主義的精神。

68 別把孩子「考」到笨

教育的目的，應該是訓練你獨立思考、自由思考的能力，是要培養你的興趣，不是培養你很會考試。但現在的制度卻考得黑天暗地，說是已經廢除聯考，又冒出什麼多元入學，考得更加悽慘。像我，從小考試都不及格，升國中時候還重考了兩次，怎麼考都考不上；後來高中畢業的時候，是全班最後一名。

從政府所有的考試標準來看，我都算是「落第生」，可是我若說我「很笨」，也找不到人相信。這樣看來，一定是考試題目自己有問題，對不對？像現在，學校是考到連美術和音樂都要考，分數這種事情根本是錯誤的，你出了社會，民間企業並不管這個，就算是國家考試及格，我也未必要用你，而是要看你的實力。

現在的孩子很可憐，我們小時候是抓蟋蟀長大的，現在的小孩有幾個抓過蟋蟀？我念高中的時候就決定不帶書包回家了，我想不通讀書為什麼要拚成這樣？不留級就好啦！這是經濟效益最高的結果，因為你就算拿第一名也跟我一樣，畢業證書都是一張；結婚的時候，人家也許會問你「哪一所學校畢業的」，但也不會問你「考第幾名」呀。

人的一生當中，你少年的這段時間是很寶貴的，怎麼可以用來考試？背那些無用的東西？若從時間的運用來看，考試考六十分就好了，這表示你基礎都懂了，邊際效益最高。考八十分是非常好，因為你知道不足的部分往哪裡找；可是若考到一百分，那就是過頭了。因為你就要準備到一百二十分，才不會被老師考倒。所以最聰明的人只考六十分，然後你會有很多時間去做快樂的事，睡覺啊、玩耍啊，都好；考八十分的，勉強還有時間做自己的事；最可憐的就是考一百分，你整個人都要賠進去。

所以，我對現在的考試制度非常反感，比科舉制度還要糟，原本好好的一個小孩，都被你考到笨。

就是因為過去的教育，是政府愚民政策的工具。從蔣介石時代開始，歷任的教育部長都是和他同一思想的人，不是真正的教育家。他的目的，是如何透過教育讓百姓變笨。我很擔心你們這一輩的人，你們戰後出生的世代接受了高等教育的好處，可是壞處也很多，所以不能像我一樣自由思考，就是制式教育害了你們。

69

給教育改革的四點建議

所以我主張，教育一定要鬆綁。現在已經是多元化的時代，政府在教育觀念上就應該跟上時代，要自由化、多元化。教育要多元化，就不應該由政府來辦，而是民營。

首先，要釋放政府的很多土地，鼓勵民間興學。你若讓每間學校獨立作主、自由競爭，學校就會發展出自己的特色。這樣一來，政府也不必為一千多億的經費在傷腦筋。

若政府說「要提供土地讓民間興學」，我想，那些不認真的學校都要去養蚊子了。

現在台灣民間很有錢，政府就要轉一個觀念，把錢「勾」出來！學校的好壞不是教育部決定的，人民自己的眼睛都會看。若這樣來改革，百姓的教育費用負擔可以降一半，而且可以得到多元化的教育。所以教育部長若讓我當，預算減一半，現在三分之一的人力我還嫌太多了。

至於省下來的那些錢，就拿來對孩子、對民間直接補助，解決教育資源分配不公的問題。譬如偏僻地區沒人蓋學校，就獎勵民間興學；孩子沒錢讀書，就補助他們，讓孩子都讀得起。這裡很重要的是，對孩子的補助要改成以「家庭所得」為基礎，應該是補助學生，不是補助學校。

所以第二項很重要的，就是教育補助要重新規畫。我認為，應該採取分級制，根據家庭所得基準的高低，分成ABCD四級來制訂補助標準。所得低的，全部補助；所得高的，不予補助，這樣社會才比較正義。譬如，有錢人的子弟列為A級，根本不需要政府補助；所得第二高的B級，政府補助三分之一；C級的，政府補助三分之二；所得最低的D級，要全額補助。

當然這也要訂一個配套標準。譬如，若想把小孩送到較貴的學校，就要自籌不足的學費；但是若把小孩送到比補助金更低的學校，省下來的錢也不能挪為私款。政府是要讓你「吃飽」的，不是讓你「吃好」的。

這樣一來，貧窮的家庭會受到保護，家長的學費負擔才公平。

再來是第三項，升學考試這件事，一定要全部廢除，未來政府只要做一個資格檢測就夠了。這就像標準局一樣，只是個資格考，所以不應該考太難，只是檢測一些基本學識。剩下那些背的，統統沒有必要。不能活用的知識、隨時可以查到的資料，背再多只是讓人變笨，不是變聰明，所以是浪費時間、浪費生命。

第四，課程的部分。教育其實可以很簡單，應該回歸自然，所以教育部也不需要去指導學校要教什麼。這個問題我和李遠哲也討論過，他也不反對教育民營化，但是教育一定要讓國民有共同的價值觀。台灣共同的價值觀是什麼，政府只要做個規定就可以，譬如民主、人權、公平正義、環境保護這些，屬於共同的必修課程，科目也不會很多。至於剩下要教什麼都不要緊，讓學校經營出自己的特色就可以，哪一所學校在教什麼、師資好，人家父母自己有研究。

光復以後，台灣的道德觀、人生觀一直發生問題，這些現象是果，不是因。因是什麼？就是教育出了問題。

我是真正很愛自由的人，所以我常在說，人若是一張白紙，你要在上面畫什麼圖都可以，可是若被畫上格子，你就只能寫字了！若從國中時代就教育學生正確的價值觀，讓他們了解自己的興趣，不要用大人的價值觀來逼迫小孩，我相信，下一代都會發展得比我們好。但現在政府官員多少有高人一等的心態，有指導民眾的行為，所以教育應該多元化，讓很多學校去自由競爭。

那你說，如果把教育完全開放，會不會有些學校走電視的路，都看刺激的，只追求收視率？

其實，即使有，又有什麼關係？多元的社會裡什麼叫做「好」，是見仁見智的，也沒必要以自己的價值觀去強加規定。就算產生野雞大學，學生在說的「學店」，也不代表其他學校就是一流大學啊。不過，一定要有一個共同的道德觀，例如教人殺人放火，這就不行。

未來的社會是多元化的，也不是大學畢業就比較好。你看，現在大學畢業生失業率全國第一名。但是若有一技之長，當廚師月入二十萬，不是更好？

所以我認為，教育鬆綁要做的就是：直接補助個人，學校以私立方式成立，這樣辦學效率也會比較高，每一所學校都有自己的特色，然後，升學考試統統取消。

事實上，很多好學校都是私立的。像台南市有一所德光中學，雖然學費很高，但是許多人爭著把小孩送進去，它就是私立的。所以我認為政府應該鼓勵私立學校，盡量把國立跟市立學校廢除、轉為民營，因為那都違反憲法公平正義的精神！

70

醫療已經是成熟的市場，應該用自由市場的原則來管理

政府的醫療政策更是落伍。

我先說自己的經驗，給你們參考。我原本是辦工業而不是辦醫院的人，但是我認為「一理通，萬理徹」，經營事業的道理都一樣。奇美基金會從一九七七年就開始做文化教育，已經相當有成效。但當時台南地區的醫療資源很少，若生病就要到台北或高雄。有一次，我們林副總女兒生病送到醫院，可是，我們全台南竟找不到一張病床，這件事讓我感受很深。後來，我到美國看我女兒，卻發現美國連狗都有救護車！所以，我很早就想要蓋醫院。

那時候，剛好有一間逢甲醫院快要倒閉，我聽了就去承接。一間醫院倒閉是很嚴重的，

你要那些病患到哪裡去？當時，很多人建議我，等它倒閉了再接，我說，這不行，這樣很多患者會很麻煩。為何很多人勸我讓它倒了再接？他們說，若不這樣做，會引起很多麻煩。我是想說，這是做好事，會有什麼麻煩？

日後我才知道，真的麻煩。因為我把逢甲醫院買下來後，經營得很成功，我想要改名為奇美醫院。但是當時衛生署卻說不准。為什麼呢？他說，本來叫逢甲，為何要改成奇美？我說，錢是我拿出來的呀，假如我去廟裡捐錢，也會刻上許文龍，為什麼醫院不能改名？不行就是不行。這個真的奇怪，到最後，要換個名字，政府不准就是不准，你看我們的政府多偉大。

那時候我就想，若最後真的沒辦法，我就把它改成精神病院。

我相信像這樣的事情，上面的人也不知道。我們的政府請了那麼多高級的人，卻是來管一家醫院能不能改名的事。

為了這樣，衛生署處長跑來台南不知有幾趟。你們想，官僚的病態有多嚴重，政府的浪費有多少！奇美醫院絕不是個案，我會遇到的問題，別人也會遇到。

又譬如，我柳營那一間分院，也不知為什麼，生意就是很好，病床常常不夠。我的病人都躺到走道去了，我想要增加病床。但是衛生署又說不准，他們說這個事情他們要考慮看看。

我自己的錢、自己的土地、自己花錢蓋，所有的都是我的，病患也拜託我增加病床，他們卻不准。原來衛生署有一個政策，規定一個縣市只能有幾家醫院、幾張病床。這件事弄了三年，不行就是不行。最後衛生署送一張公文來，推給地方的醫師公會，醫師公會當然反對，因為多一個競爭者出來，患者就不去他們那裡了。

醫療已經是成熟的市場，自由競爭對病人只有好處，為什麼不讓患者自己決定？所以，政府的醫療政策實在有夠糟。政府是用他自己的頭腦在想說：「全國的醫院跟病床要總額管制。」他先替你想好了，然後告訴你：「你不需要那麼多。」三歲小孩都知道，這是完全不對的。民間完全是用自己的資源去蓋醫院、增加病床，完全沒有使用到政府的資源，患者也實在有需要，政府卻說不准。

有親人住過院的人都能體會，全台灣有多少患者是躺在急診室走道，等不到病床。病人的權益是什麼？家屬的心情會怎樣？這裡面又產生了多少特權空間？實在是很不人道又違反原理的政策。這是什麼款的政府？

若政府的規定是說「病床可以增加，不能減少」，這還說得過去，可是，政策卻不是這樣。你規定一個縣市只能有多少病床，這是要幹什麼？難道人要生病的時候，會先考慮現在有沒有病床再來生病？這個道理是什麼，我實在想不通。

71 只要醫院態度好、醫生好、醫藥費便宜，我許文龍因此而破產，也很光榮！

人的一生中，醫療問題是每個人都避免不了的。我們如果胃痛或是怎樣，就會感覺到醫院的重要性。所以，我經營醫院是對自己方便，對社會也真正有貢獻。

不用說我，任何有錢人多少都會去想，自己的錢要如何回饋社會？這種想法每個人都有，只是想多想少的差別而已。再加上我從小身體不好，自己也是有需要，所以辦醫院的理想我是很早就有了。

當時比較具體的辦法，就是自己蓋。想說，若自己能力許可，就辦一家收費便宜、品質也好的醫院，讓沒錢的人也可以享受到好的醫療，這是最好的。

剛好當時台南的逢甲醫院要倒了，我發覺如果這家醫院倒掉，對地方人民的影響會很大，就決定把它買下來。承接的時候，醫院的負債是七億，我就私人把它承擔下來。七億現在看起來是沒多少，卻是當時我所有的財產，也等於我把所有的財產全部押在這家醫院上。

那差不多是二十幾年前的事，當時我的財產就只有那樣。我是想，我做醫院也不是要賺錢，萬一做不起來，也不能害奇美的人沒有飯吃。所以，我就跟董事會的人說，這個我自己來出錢就好。

一開始，醫院每天的患者約有五、六百人。因為周圍沒有其他醫院，所以生意算不錯，但是有三不好：收費貴、態度差、聘請的醫生不好。醫院過去的董事長是公務人員轉任的，當官的人事事由底下的人擔當，他也認為自己的想法都行得通。只是，事實就是行不通。

我並不是為了要救一間醫院而去經營醫院的，而是為了讓台南有好的醫療資源。若要達到這個理想，就要做一個有競爭的狀態，才能夠又便宜又好。

我做了什麼？

第一，醫藥費降低。因為當時收費太高，所以我就降低醫藥費。我一直降，再降，總共降了五回。我跟院長說要再降的時候，他說，這樣會虧更多喔。我說，不要緊，再降。當時醫院

音樂是快樂的，是給人感動的，沒有
高深學問的人也絕對聽得懂。你聽得
懂，就會很快樂啊！

每月要虧損五、六百萬，我就說，若同樣要虧錢，也要虧得漂亮一點！若因為醫藥費便宜而虧錢，我很光榮。是啊，我也知道會虧錢，但是我得起來擔。

第二，提高大家的待遇。當時，護士實在很可憐，我承接的時候護士月薪不到一萬塊，都留不住人，訓練完了就要走。醫院病床原本有五、六百張，但護士不夠，只能開放兩、三百張。我就說，提高待遇。院長問，要提高多少？我說，提高到讓人叫不敢，提高到台南市一些護士會跑來這裡工作。他說，這樣會虧更快喔！我說，不要緊。

第三，要好的醫生。院長說，可是好的醫生很貴。我說，沒關係，去請來。

大家想，患者是如何找醫院的？第一考慮就是有好的醫生。所以我先延聘了神經外科的許達夫醫師，再聘請一位眼科權威，就是蔡武甫醫師。蔡醫師在台北很有名，我把他請來台南，那大約是一九九〇年左右，我向他保證月薪一百萬。我說，若未達一百萬，都由我負責。這件事我跟當時的副總統提過，他的反應跟你們一樣，也是問我：「是年薪還是月薪？」是月薪。許醫師也是月薪一百萬！

所以除了私人承擔的七億，我另外再捐五千萬給醫院。

我跟院長說，若同樣要賠錢，我們態度好、醫生好、醫藥費便宜而賠錢，我許文龍因此而破產，也會很光榮。

結果，醫生來了以後，連患者也從台北趕來。

對醫院的經營改造，我一直抱持一個理念：一定要把好的環境先建立起來。所以從一開始我就很明確的說，現在虧損沒關係，都算我的，我也不需要從醫院拿一分錢回來，但是若有賺錢的時候，所有裡面的員工該怎麼分，這個大家要先講好。

簡單來說，我就是「約法三章」——三分之一給醫院所有員工，三分之一還債，三分之一再投資，買更先進的設備來服務病患。這是我一開始就建立的制度，讓大家都變成醫院的owner。大家就像在同一艘船上，你船長分多少，大副、二副、基層的船員分多少，包括護士等等，這個利益分配都要先講清楚。

其次，一定要透明化，所以財務要公開。帳冊一定給主任以上的每個人看，要了解自己的醫院每個月營運是如何。我雖然是董事長，但是我不用看，因為我又不想從醫院賺錢。採購也公開，要採購什麼東西，把它列印出來讓大家知道，從哪裡買這些東西。也就是說，醫院的經營者不是我，是這些主管。

接下來，我從奇美派一群人進去改造。全面性的制度總體檢，運用現代化的管理方式，包括物流、掛號流程、患者出去和進來的情形做一個科學的比較、病房不夠該如何處理等等，重新建立一套合理化、科學化的制度。過去的醫院，包括股東、董事都有很多特權，我說，不能有特權，包括我自己。

第一，我雖然是醫院董事長，但是我不拿一毛錢，我去看病都要付費。第二，我每月在奇美實業領的薪水，都捐給那些付不起醫藥費的人。我的薪水不高，每個月十萬而已，但是我帶動這個風氣。醫院裡原本有一間董事長室，我說我從來沒坐過董事長室，那間改做病房。

就這樣，醫院原本的經營方針不斷修改，所有資源有效利用、合理化。這些基礎，都是我們奇美派人進去做的。

這樣一直經營下去，生意果然好了起來。

那現在，每天患者有多少？光是永康院區就有四、五千人！原本的六百張床早已不敷使用，我又擴建了六百床，還是不夠。到現在，已經有兩千四百張病床，還沒算奇美柳營院區。奇美醫院已經是南部最大、設備最先進的醫院。我的醫藥費也沒有比別人貴，現在國泰醫院的掛號費聽說有三、四百元，我只要五十元。我還跟院長說，最好連五十塊都不要收。

錢是跟著人的，醫院經營到患者一千多人時，已經沒有虧損，開始賺錢了。為什麼？我們收費比別人便宜，態度比別人好啊！我當初也不預期醫院會賺錢，但現在卻大賺錢。

那賺來的錢怎麼辦？我說，就再擴建、再投資，品質繼續好下去。

剛開始經營醫院的時候，有人就說，做事業和開醫院不同喔！我就說，我不信，市場原理是相同的。你們去一家醫院，一定是看醫生好不好、醫療水準夠不夠、設備好不好、護士的服務怎麼樣，對不對？你護士的待遇若好，好好地教育她們，她們的服務態度就會好。

你們若不信，可以去台南探聽看看。別說台南，光看奇美醫院和台北比較，大家都對奇美豎起大拇指。態度好，品質好，而且成長很快。

二○○○年的時候，我們醫院已經正式升格為「醫學中心」。現在，還有很多人來奇美醫院參觀，裡面的設備是世界級水準的。例如，我們的急診室跟加護病房，設備就非常先進，一般醫院常見的院內感染我們消毒得很徹底。所以若要看這種設備，一定要來奇美。

另外，我也注意到一點，就是其他小醫院的存續。因為它小，萬一你大醫院起來以後，我也擔心一些小醫院會倒，這都是有可能的。所以我也跟院長說，我們大醫院治療大病，小病像感冒那些，讓小醫院去處理就好。

也就是說，你也要去考慮過去在這裡從事醫療服務的人。他們醫療也是做得很用心，這些人的存在你不能去忘記，所以，你也要給別人生存的空間。

這就是我開始時所開的藥方。

實在說，要改變一個東西，都是觀念問題而已。像現在，大家都稱讚我們醫院經營得很好。我想，以後還會更好，我也會再買更好的設備。若真的有賺錢，裡面的待遇再好一點；接下來若還有盈餘，就收費更便宜一點，就是這樣子而已。

72

一個政府是否文明，要看它對弱勢者提供怎樣的照顧

一個政府是否文明，要看你對弱勢者、對有需要的人提供了怎樣的照顧。

在一個文明的社會，政府若完全不關心弱勢者，是不行的。讓弱勢者、遭遇不公平的人、產生問題的人有投訴的門，這絕對是有需要。

以我經營企業的經驗來看，如何使彼此之間的立場一致才是重點。很早以前我就有一句話：「有能力者要讓無能力者占便宜，大股東要讓小股東占便宜，有錢的要讓沒錢的占便宜，世界才會和平。」所以幾十年前，我就把自己的股票拿出來配股給一起工作的人，讓他們也變成公司的owner（股東），大家是命運共同體。

社會，更應該是一個命運共同體。因為社會上存在種種不公平的競爭，很多都是人為的制度造成的，不是所有貧窮不幸的人都是自己落等、能力不好。

現在的問題是，政府忽視國際發展的經濟局勢，也不了解百姓的實際需要，不是用騙的，就是補助這個、補助那個，並不是針對真正有需要的人。你若去看政府的社會照顧事項，多到你會頭暈眼花，補助到最後，連正常的人也照拿，真正需要的家庭卻拿不到，或拿很少。像現在各種福利制度裡，還分成農民、漁民、榮民等等，有人拿三千，有人拿五千，有的是六千，還有榮民領到一萬三千多……，怎麼會有這種制度？

這種制度都不公平，都是政策買票！社會福利應該是要針對個人，不應該針對行業；對個人的補助，也應該是針對家庭所得，不應該區別你是什麼身分。當然你若是身心障礙者，這個例外，這就要另外照顧才合理，但其他都是公民、都是老人。譬如農民，現在除了每個月有老農年金可領，平常如果農地休耕，還另外給補助；榮民除了高額的生活補助，還有各種優渥的福利，就受到很多批評，因為已經有一套中低收入戶的補助辦法了。這樣的制度都不公平，都要取消。

政府存在的目的是要照顧人民，不公平的社會補助事項一定要重新建立。

第一，補助的標準，應該是根據家庭所得，不是行業或身分。現在以「行業別」或「身分別」的規定，都應該廢除，榮民、什麼民的特別條款都要取消。制度一定要公平，譬如，如果連我或張忠謀都收到老人年金，這個社會就是不公平的。

第二，補助的對象，應該是針對個人，不是機構。社會福利要做得徹底，補助一定要直接補助個人，不要透過機構——例如學校——來達成社會正義。譬如有的學生沒錢吃午餐，學校卻花錢蓋漂亮的校門，這都造成資源的排擠。

第三，補助的內容，要看這個家庭的實際需要。如果他有小孩，教育費、營養費一定要；若是殘障家庭，就是有長期照護的問題，還需要生活費等等；若是失業者一定要有失業補助、轉業訓練費種種。像現在，教育跟醫療補助不但不正義，補助的金額也不夠，這些都應該增加。

第四，補助的金額。一個社會不可能做到每個人生活水準都相同，這是不可能的。社會最底層的家庭，政府一定要全盤照顧，但是有錢人最會賺錢，也最會節稅，不應該再拿納稅人一分錢，這樣的社會才有正義。至於中間的家庭，就是部分補助，因為你雖然比上不足，但是比下有餘。

所以我前面曾經提出一套教育補助方案，建議政府依照家庭的年收入，把全國分成ABCD四級，收入最高的是A，最低的是D。分在D級的清寒家庭，政府一定要全額補助，這才是照顧弱勢；中低收入的家庭是C級，政府補助三分之二；中等收入的家庭是B級，政府補助三分之一。至於最有錢的A級，政府完全不予補助，因為有錢人實在不該再占社會資源這麼多了。

事實上，政府說要照顧弱勢，卻照顧有限。直接給弱勢的錢不多，就是因為中間經手的人太多，手續費都拿光了。政府不是沒錢，是不該花的地方花太多，造成了資源的排擠。最不公平的就是，最後倒楣到的都是窮人。所以若能把對國營事業的補助都拿回來，讓他們民營化、去跟民間競爭，光是這筆省下的錢，就不知可以拿來拯救多少家庭了。

73

解決失業，除了增加公共投資，還可禁止引進外勞

我現在很擔心的是，未來是低成長、高失業率的時代，政府對於失業救濟的工作卻沒有做好準備。

大約十年前，我接受媒體訪問時已經提醒大家，日本經濟已經泡沫化，長期低迷都未見起色；也提醒大家，美國經濟的泡沫化只是時間問題，應該事先想好對策。後來，這些看法都一一應驗。

從全球經濟發展的階段來看，台灣是屬於已開發國家。對我們的國家來說，低成長率已經

是常態，高失業率也將是正常的，但是政府至今還無法面對這點。

若是屬於不景氣所帶來的失業，政府一定要讓民眾了解，這是短期性的。因為台灣的出口產值占GDP的七成以上，這說明台灣企業的產品有很大的一部分是靠外銷，當全世界產品需求下降，台灣企業的訂單自然會減少，所以全球不景氣時，我們自然會產生景氣性的失業人口。在這段期間，政府失業救濟首先一定要加強，用來幫助一時遭受困難的勞工，方式可參考美國、日本等國家的辦法，只要景氣回升，自然可以逐步減少。

問題是，政府有能力提振景氣嗎？我認為，政府要提振景氣的作法之一，就是增加公共投資、擴大內需，把國內的基礎建設——例如水、電、交通——的整備做好。只要改善環境，就可以帶來提升便利、降低成本的經營條件，對整體產業的競爭力會有很大幫助；而且在這個過程中，也可以減少一些失業，增加一些消費，抵銷一些景氣滑落的不良效果。但是一定要記得，公共投資不是去蓋那些蚊子館。

一個經濟已開發的社會，失業率在五到十％是很正常的。這不是反常，看看歐洲或其他已開發國家就知道了。失業本來就是很正常的，沒失業率才不正常。過去我也常提到，我們有沒有去檢討政府計畫經濟的產業政策？過去傳統製造業提供了大量就業機會，現在說要升級，可是你有提供他們升級的條件嗎？新的產業機會，難道只有高科技？

現在還有一個問題是，你一方面引進了五、六十萬的外勞，一方面說這些工作沒人要做。我認為，這都只是藉口。若沒有外勞，這些比較需要流汗的工作一定有人會去做！所以解決失業，除了增加公共投資，我們還有一條解套的路，就是禁止引進外勞。這幾十萬的外勞你若把他們送回去，這些工作不就可以開放出來？這起碼可以救五%的工作者。

說起外勞，我對這件事實在很煩惱。我們來看歐洲那些國家，過去人力不夠，引進一些外勞進來，現在已經形成非常嚴重的問題，文化的、族群的、經濟的、認同的衝突。若說請在地人要三萬塊，請外勞只要一萬五，但是你有省掉這一萬五嗎？並沒有。事實上，社會成本遠比這一萬五千元還要高很多，而且後遺症很大，國家的人權形象還要整個賠進去。因為外勞也是很可憐的，被一些人當成二等公民，他們在自己的國家也是人家的好女兒、好爸爸啊！

74 政府最優先該做的，就是山坡地復育

我現在對台灣最關心的，是環境受到破壞，這是非常嚴重的問題。經濟高度成長的結果，就是環境的高度破壞。莊子就說，你得到一樣，必然會失去一樣。《易經》的精神也是這樣，世間沒有讓你得一樣而不會失去一樣的。

遠的不提，我就舉一個近年的例子。我曾在白河水庫附近看到一些工人在築防波堤，旁邊的魚塭大都已經廢棄，我就問他們：「這又沒有經濟價值，為什麼要做？」他們就說，反正這是政府出的錢。

做防波堤，是很破壞自然的。

一般除非為了養殖漁業，或是海邊房子蓋太多，海岸線一直逼近，不得已才用人為的方法去改變它。海岸最好是不要有人動，因為大自然會這樣形成是有它的原理的。但現在很多都市計畫區為了用這些土，用各種理由盜採盜挖，卻使得海岸線一直進來，沿海生態一直被破壞，靠海為生的人、住在海邊的人，生活也受到很負面的影響。

高度的成長，帶來環境的嚴重破壞，交通問題也一大堆。我就想不通，為什麼每年非要有幾個百分比的經濟成長不可？為什麼不去想說，我以前到火車站要花三十分鐘，現在只要二十分鐘才是好的？或者，現在出門都看得到漂亮的天空，路邊都是綠色的樹才是進步？為什麼政府不把價值放在這裡？對大自然的破壞，政府是有在講要救，但是沒有真正的行動，都只會拚什麼經濟。

為什麼不把預算撥一些給地方，用來做一些更有意義的事？

什麼是有意義的事？台灣目前真正嚴重的問題，就是對國土、山坡地的破壞，造成了嚴重的土石流。政府最優先該做的，就是山坡地的復育！這個沒做好，其他都不用說什麼。

從前山上下的雨，流到海裡要花上一個禮拜，現在呢？只需要一天，有時候甚至半天就到了。你去山裡就知道了，水土保持的植被普通會有兩米高，你看，這可以蓄積多少水量！它是直到飽和以後才會慢慢流下山來，現在的山卻是光禿禿的。農委會一年要花掉人民荷包超過一千億，對這些最嚴重的危機卻沒在處理。

山林的問題包括了幾項因素，一個是氣候的變化，像現在沒有西北雨，全球的氣候暖化問題又非常嚴重，因為水分是調節溫度的；另一個，就是雨水由山區一路沖刷到海裡的速度，水利的問題就是從這裡開始，土石流就是從這裡產生的。

其實，在山坡地種植經濟作物，例如水果跟檳榔，對環境生態造成的傷害是無法估計的。它的社會成本遠遠超過經濟收益，但是政府很少有人願意提起。像檳榔樹，這原本是種在沙土裡的植物，怎麼會跑到山上去了？在大自然的生態中，一般至少會有兩米的草地植被，它是水土保持跟氣候調節的大功臣。但是山坡地若拿去改種蔬菜水果，例如高麗菜、芒果或水梨，地面就常被清得一乾二淨，所以植被就一塊塊被挖空了。然後，又為了運送水果，政府又開闢產業道路，結果又擴大了傷害的範圍。

這，都是為了選票，卻帶來今天民眾莫大的災難。你們想想，一天從山上運下來的水果有多少？但為了開闢道路，破壞了多少自然生態？又付出多少昂貴的社會成本？而且，在供需失衡的情況下，縣市首長還要出來從事水果促銷的活動！

看到這些事，我感到很失望，對政府也沒什麼期待，只盼望能透過教育來改變，讓學生知道自然生態被人為破壞的嚴重程度。

若國家有體認到這是台灣最優先的大事，首先就要趕緊在媒體上不斷告訴人民，現在對自然破壞的嚴重後果。八八水災造成的不幸，就是最好的啟示，先讓百姓了解問題的嚴重性，土石流就是這樣產生的。這樣的認識出來以後，再由立委修法、編列預算，目前已經開墾的山坡地、這些種植水果蔬菜的人，一定要撥一些錢去補償他們。一定要有合理的賠償，才能夠解決問題，讓他們願意恢復原狀。接下來，請教專家如何恢復原狀，政府再拿一些錢出來。

山坡地的復育若能實實在在去做，風災、水災的問題就解決了一半。

水利現在對於國家整體來說，是治水的問題大過農業灌溉用水的需要，也就是說，是環保的問題比較重要。我們人類應該學習和大自然共存，否則到頭來，吃虧的還是我們。

75

政府不是秦始皇，不可管到人民叫不敢！

有一次，我有事請教讀法律的專家。話還沒開始講，他就說：「等一下，我先把《六法全書》拿來。」我發現，讀法律的人沒這本書就會很不安。

生病才需要看醫生，但是讀法律的人叫他不用法，他絕對聽不進去。政府裡面若都是這樣思考的人在負責，改革就會很困難。

人若只能在一個框架裡思考或行動，自由、創意就會被捆綁住。

我的公司就沒有「法」。二十幾年前我向幹部表示要改革管理，就廢了管理部。可是，奇美有亂嗎？奇美不但氣氛好，也有很多技術上的創新，還賺了很多錢。我的制度，就是盡量鼓勵從業員冒險，除了絕對不可貪污，做錯事也沒有關係。

台灣經濟環境最讓人詬病的地方，就是政府法令太多。法律、行政命令、特別法錯綜複雜，條文密密麻麻，人多法制也多，整個都脫節了。所以百姓最怕到政府機關，綁到百姓凍未條。政府又不是秦始皇，秦始皇就是喜歡用法家，管到人民叫不敢。

可是，有些人不必守法卻也沒事。像政府說農地要農用，有些人以農舍之名蓋工廠，照樣在生產。但像我們這種大型工廠，在路邊農地停個車，就會被處罰，公平正義在哪裡？

很多法令原本立意良好，實施時卻變成了惡法。我們做生意的，都會覺得政府所有的法令都是在防弊，連沒犯法的人都要受到影響。講一句話就可以的事，為了防弊，就得蓋兩百個章；擔心少數人違法所帶來的加強管理費，幾十年累積下來，已經形成百姓非常可怕的負擔。

若要提高政府效率、讓國家競爭力活過來，除了先要確立「政府管越少越好」、「不要怕民間賺錢」的觀念，最重要的配套措施之一，就是法令一定要鬆綁。政府要有「少數人違法，不代表多數人都會違法」的觀念，鼓勵公務員找答案，不是找人民的麻煩。

法令若要鬆綁，首先一定要把「圖利他人罪」除罪化。這條惡法不除，公務員心中的陰影永遠不會消失，寄望提高行政效率永遠不可能實現。我曾在東南亞國家待過，那些國家官員的腐敗情形，是大家想像不到的。台灣高層的清廉程度跟日本差不多，還有救，只不過基層的人有點小感冒而已，不是絕症，這是制度造成的。但是公務員為了分攤責任，避免受到「圖利他人罪」的牽連，結果卻癱瘓了政府。

制度的改革，就是要讓人可以發揮。我有觀察到，政府裡很多人還有很大的能力沒有發揮。公務員難道都很笨？並不笨，是政府的制度讓這些人無法發揮。

我們奇美的從業員也沒有特別聰明，但是你看，我們的效率人家都比大拇指。事實上，說來還有點漏氣，我們公司最近才出一位博士而已，包括我也不是博士。英國曾有一間大學說要給我博士學位，希望我能捐錢，我說捐錢的話就免談了，這樣的博士是用買的。

所以政府不要怕民間賺錢，法令鬆綁，公務員才可以充分發揮，企業的潛力也會增加。

文化，應該是人人都看得懂，聽得懂的，是一般歐巴桑、歐吉桑都可以接受的東西。

76
人民啟蒙沒做就談改革，就像一個人的手還沒消毒，就要進去手術檯

有一次，朋友邀請我去參加合作社的社員大會。理事長在台上長篇大論，要大家發揮愛社心，增加業績來提高盈餘，台下卻是各談各的。我就問一位小姐：「剛剛理事長在講什麼？」她說：「前面講的都是廢話，最後宣布今年薪水要調高多少才是重點。」

這就是說，你認為很理想的政策，到人民能夠接受之間，通常會有一個距離。政府過去的改革不成功，不是欠缺理念，是欠缺方法。

任何好的經營者都知道，研究室研究出來的「製品」，和市場能接受的「商品」之間，有

一個距離。「製品」通常技術很完整、功能很齊全，也不大會故障，所以價格也較高。但是，有時候市場不一定接受好的產品。多數消費者喜歡的，是價廉物美的「商品」，「我用了三年就想換，你為何要保障一輩子？」所以，好的經營者做出來的是商品。

許多改革理念若直接由政府的嘴裡說出來，注定要失敗。

要推行什麼改革，要從人民的認知開始。你就要從第三者、學者、社團慢慢的去討論，讓大眾能理解。這種事你不能馬上說取消就取消，不要害怕討論。討論越多，對立的觀念越清楚，人民也會自然做出判斷。

「政治的製品」若要變成「政治的商品」，政府要從民眾跟公務人員的觀念啟蒙開始。一定要讓民眾知道，改革以後自己可以得到多少好處，才可能成功。這是我要講的第一點。

在民主國家，百姓的power（權力）非常大。要推行一個新政策，利益受損的人一定會反對，但是我對這種事情不悲觀，民主國家就是每一個人民都有權，如果你很具體地把民眾聽得懂的理論都說出來，他們一定會支持，但千萬不要說一些很深奧的理論。

我在公司內部講話，一定先說：「薪水夠不夠付貸款啊？我們今年的目標，是提高大家收入的二十%！」從他們切身的問題談起，讓大家眼睛先亮起來，接著再提要如何增加收入，大家一起來想辦法。這就變成不是董事長一個人的事，是大家的事了。

做企業的人講究實際，不會講八股，你要從業員以廠為家、犧牲奉獻、降低成本，這些都是廢話。公司的發展與成長若和他們的薪水不是等號，他們也沒有義務替董事長、替股東賺錢，這是很實際的問題。如果能達到加薪的目標，對所有人都有好處，大家自然會去打拚，會認真去思考，想辦法達成目標。如果你不先替他著想，他為什麼要拚死拚活來達成你設定的目標？

所以在談政府改造時，官員所想的，都是哪幾個部門要怎麼合併，我想的卻不一樣。我所想的，是先讓民眾知道政府改造你們會得到什麼好處。

講具體一點，譬如我會說：「稅金減一半，買車、機票跟香港同一價。」我們過去買車比香港貴一倍，現在也要貴三成；香港的飛機票便宜台灣三成，這三成哪裡去了？就是被政府給吃了！我若具體說出來，大家絕對支持我。所以我的口號是「香港汽車賣多少錢，台灣就多少錢！」香港政府有沒有虧？沒有，只是他們沒有進口稅而已。所以稅金減一半，物價就相同，你若買到比香港貴的東西就來跟我討！要具體說出物價是多少，抽多少稅金，然後中央政府縮減為二分之一，很多過去要向工業局申請的麻煩事也廢掉，直接向地方首長說就好了。

接著，治安我給你掛保證，跟新加坡一樣好。因為槍枝毒品的問題，我可以請美國的專家來，世界上毒品專家請十個來，問題馬上解決一半。

至於交通問題，國有地很多，統統道路優先，交通警察增加三倍。然後國有土地釋出，房價馬上下跌，過去買不起房子的人現在都買得起。

也就是說，理論不要太複雜，幾樣問題就可以抓住民眾的心，他們絕對選我。我不是很會講話，可是若跟那些政治人一起站台，我想大家都會選我，我就是簡單明瞭。

大眾一旦有足夠的認識，立法院就不敢搞怪了，因為人民都會看，反對的人下次就不會當選。

第二點，我是很希望政府若做錯事，要有勇氣說出來。政府要自己說我做了多少壞事，以後要怎麼改善，希望百姓能夠幫忙思考。這裡最重要的，就是真正把政策透明化，政府所花的錢必須要公布出來。

所以政府要改造，就要停止愚民教育。告訴人民這是大家的錢，讓過去的愚民政策不再愚民。

具體的作法怎麼做？要由媒體著手。我是認為，現在的電視影響每個人的生活很大，所以政府應該透過媒體，把真相說出來，讓百姓了解政府改造的好處，也了解過去做了哪些錯事。政府過去的宣傳不成功，就是因為他做的是愚民式的政令宣導，我認為應該講實話，所以這是可以多花一點錢的。

在民主社會中，媒體是人民啟蒙的主要工具。若人民啟蒙沒做就要改革，就像一個人的手還沒有消毒，就要進去手術檯，當然會有一些後遺症。

第四部

永恆的藝術

我常想，
賺錢到最後是要怎樣呢？
要把它換成快樂。
錢若要換成快樂，就要去買藝術品。

77

美，就是對每一個觀賞者的心靈都有所訴說！

許多人經常問我，我為什麼喜歡藝術？喜歡藝術的「什麼」？對我來說，藝術是自然的產物，是大家看了、聽了會喜愛的東西，會感覺很美的東西。就說美術好了，美術原本就是把大自然的東西留下來，好讓人在家裡也可以看到下雪時山的風景、海的風景，所以需要有圖畫。美術就是從這裡產生的。把一個實際的、讓你產生美感的景象描繪出來，是由這個目的出發。

十九世紀以前，畫家畫出來的作品除了供自己欣賞，也希望能分享給別人。對於畫家所想表達的內容，一般人也感受得到。

也就是說，美這個東西，是有一種普遍性，大家對於美多少會有共同感，而且也有一個相互溝通的管道。像大家在我這裡欣賞的素描，當時大約是五、六歲就要開始訓練的。所謂素描，就是如何把一個物件的光影、線條描繪出來，重要的是，畫出來的作品要讓人看得懂，不是要表現自我，所以當時不稱為藝術家，而是藝術「者」。

但是到了十九世紀晚期、二十世紀初期，大家生活變得富裕了，相片也有了，印刷技術也發明了，對這些古典的作品都已經看盡、看膩了，文化界就開始轉向，追求更新奇的東西。

拿現代的作品來說，我覺得比較不好的，就是現代藝術太過追求creation（創新），追求過頭了。創新原本是好事，卻變成別人想不到、別人沒做過的東西我來做，就是你們在講的「標新立異」，所以，有一幅畫眼睛是長在這裡，另一幅就要長在那裡，一定要跟人家不一樣。

問題是，這一來大家實在都「看嘸」。現在最有名的畢卡索，他在畫什麼也沒人知道，更嚴重的是，你還不能說他「畫得醜」喔，你進去看現代主義的作品，看完之後就要說：「這個作品很好，感覺不錯。」只知道說「感覺有夠好」，卻沒那個勇氣說自己「看嘸」，「實在畫得醜」。

有一個很極端的例子，是法國的杜象。他在美術館展覽的時候，拿小便器出來擺。他擺一個小便器，稱為是「造型藝術」，名字一下子響亮了起來。

小便器可以當成是藝術品嗎？

若說這是一個藝術品，我要說，這是一個很壞的作品，他就是為了打知名度而已。可是，還真多人慕名去捧場呢！所以我說，這個時代已經不太正常了。

台灣已經相當富有，我們台灣人花錢的方式，我看除了中東那些王儲，很少國家比得上。當我們開始唱歌、到處旅遊、欣賞大自然的行為，這就表示我們的肚子已經顧飽了，大家的吃穿基本上沒有大問題。在這樣的時代，我認為錢就應該花在文化上，文化在人類的生活裡是很重要的。

我也不是什麼大演奏家，可是我演奏的小提琴，讓人聽了會微笑，這就是藝術，這才是存在生活裡的藝術，是生活的一部分。

可惜的是，現在文化界都是從歐美回來的人，有一些現代的氣味。這原本不是壞事，要這些學者都停留在過去也是不行的。不過我總覺得，我們活在現代，到底受到什麼樣的美學影響？我是認為，若是要給大眾的藝術文化，應該就要考慮大眾是否可以吸收跟接受。

問題是，那些留美、留法的博士去國外學一些很新的東西，回來就主持政府的會議，在他們的眼睛裡，看得懂的美術已經不稀奇，聽得懂的音樂也已經不稀奇了，一定要說一些人家不懂的，才能表現他們的學問。所以文化工作長期交給專家學者來主持，導致文化與藝術脫離了大眾，已經跟社會脫節。

奇美博物館就是要彌補這個落差。文化，應該是人人都看得懂、聽得懂的。不是很高級的人才懂，是一般歐巴桑、歐吉桑都可以接受的東西。所以我的博物館典藏的作品，就是以具象的、寫實主義的作品為主，大家都看得懂它們的美。我們收藏十九世紀以前古典、寫實主義的東西，是以這些藝術品為主。

我欣賞十九世紀，就是因為那個時代沒有「藝術家」，只有「藝術者」。藝術者為了生活必須畫得讓客人高興，他們的作品一般人都看得懂。

文學也好，音樂也好，美術也好，十九世紀都是一個人類文化最高峰的時代，我是覺得，我們就應該接受西方這些古典藝術的好處。早在十五、十六世紀文藝復興的時代，就有很不得了的作品，像《大衛像》，那個你看了真的會感動，那是米開朗基羅的。人家米開朗基羅，即使是個死人，也要跑去解剖，看看肌肉是什麼樣子。所以你看，他的畫、雕塑出來的人物，線條那麼有力，看了真的令人動容。你現在看羅丹的作品還是很美，林布蘭的畫、雷諾瓦的畫，五百年後還是會那麼好。

雖然那個時代贊助者比較霸道，藝術者的作品變成了貴族的所有物，但換個角度來看，貴族也保護了藝術者創作的空間，他們拿錢出來做出好的環境，讓藝術者不用煩惱生活，也可以做出好作品。而他們支持的這些藝術者，做出來的音樂也好、美術也好、建築也好，或者是雕塑，都是要給大眾欣賞的，大家也看得懂它們的美。鼻子是鼻子，眼睛是眼睛，沒有那種鼻子在這裡、眼睛在那裡的作品。

美，在對每一個觀賞者的心靈都有所訴說，這就是文化的普遍性和它偉大的地方。不過，這也不是我先提出來的，蓋有名的俄國大文豪托爾斯泰就說過這句話。他說：

藝術，不是為了解悶或興奮的感官享受，也不是為了服務少數人癖好的審美活動；它既非審美的潮流，更不是詩意的代名詞。藝術真正的特性，是表達人類對生命真諦的了解，擴大美好的感情，進而喚起心靈對人類和世界的關懷。

說得有夠好。

所以，我們國家整體的文化水準若要提高、人民生活若要快樂，這一步就要先做。為了這樣，我的博物館才發展出一個文藝的復興，提供大眾的文化，屬於「草地」的東西。我看得懂的畫，歐吉桑、歐巴桑看得懂的畫，小學生看得懂的東西，就是我收藏的原則。

78

音樂會就是「音」在快「樂」地開「會」！

音樂也是這樣。現在音樂家在演唱的小夜曲或世界民謠，在我國小畢業的時候，是每個畢業生都會唱的。像古諾、舒伯特的歌曲，甚至〈甜蜜的家庭〉啦，在我那個年代，都是很普遍的。學生若聚在一起，就會自動分成兩部三部，大家合唱了起來。

但現在，這些藝術歌曲只有演唱家會唱。

以前在台南社教館，每次的音樂會一定場場爆滿，外頭要進來的民眾還得排隊。我高中時代組織樂團做指揮，在延平戲院演出三場，那是很大的戲院，也是客滿。

過去，大家對這樣的音樂會很有興趣，現在的音樂會卻沒人要聽，還得四處拜託人家來。

哈勒曼特
荷蘭藝術家

我看得懂的畫、歐吉桑、歐巴桑看得懂的畫，小學生看得懂的東西，就是我這家博物館收藏的原則。

我做囝仔的時代，台灣的國民所得不到一百美金，九十幾塊而已；現在是一萬九千多美金，若再加上地下經濟，早已經超過兩萬美金了。不管怎麼算，我們已經都是全世界相當有錢的國家。可是放眼全世界，也沒有像我們台灣人東西買成這樣，文化水準卻沒有相對提高的。你看歐洲，包括俄國，現在窮成那樣，但人家的音樂會場場爆滿，百姓即使粗茶淡飯，也要去聽音樂。

我們台灣的學校，現在每星期音樂課只有一個小時而已，最多兩小時，有些拚升學的學校，音樂課還偷偷不見了。這些年來，我們國家的文化發展到底是進步，還是退步？

這需要進一步研究。究竟誰該負責？我認為，是那些高高在上的藝術家。因為音樂家所演唱的歌曲，讓多數民眾沒辦法接受，而普通人民所能接受的曲目，那些音樂家又不願意演唱。

以音樂為例，十九世紀以前的音樂包含了三大要素：旋律、節奏、合音，這樣音樂才能進行。但這三大要素，現代音樂中幾乎都快要絕跡了，許多現代音樂只有節奏，缺少了旋律的部分，所以從遠處聽起來只有砰砰叫而已，像是麻醉劑。

現代人因為生活的提升，做出一些無調的音樂，也是讓人聽不懂的。像台灣早期很有名的江文也，他在德國得過獎，後來也到中國演出，但我看他的音樂一般人絕對聽不下去。

我接觸音樂算是相當早，從十幾歲聽到現在，我都八十歲了，一般音樂家聽的音樂都不一定比我多。不用說多深，只要聽一小時的布拉姆斯，我想很多人可能都會昏昏欲睡，可是他的交響曲其實是很好聽的，尤其是四號，是需要有水準的人才聽得出來的。普通像是奏鳴曲，這也是內行人在聽的。我們說西洋音樂到了南美變成Tango（探戈）、Rumba（倫巴），到美國紐奧爾良變成Jazz（爵士），到非洲變成Samba（森巴），到台灣變成〈望春風〉，到中國變成〈茉莉花〉，這是西洋音樂，勉強還算是以旋律為主。

音樂出現無調性，是從華格納開始的，華格納晚期的Opera（歌劇）就快要沒調性了。接下來理查．史特勞斯早期的音樂也是無調性，可是他很聰明，知道這沒市場，所以晚期的作品就有旋律了。後來的韋伯，就完全是走旋律了，他知道要有市場。

有一個叫做荀白克的作曲家，他主張音樂就是無調性的。可是，無調性是很不安定的，就像我唱G調、你唱C調。他的音樂無調，從頭到尾也沒有旋律，所以「音樂會」就變成了「音樂發表會」，已經不是音樂會了。我們再看貝多芬，他雖然個性很強，可是寫出來的曲子都很美，大家都聽得懂，所以很多人被他感動，給他拍手。

音樂會是音的會，是快樂的，是給人感動的，沒有高深學問的人也絕對聽得懂！不管曲怎麼寫、歌怎麼唱，你聽得懂，就會很快樂啊！所以我認為，開音樂會至少要讓大家聽得懂，大家才會愛聽，才會快樂。

79 我的博物館只有一個精神：為了大眾而存在

我小的時候，除了讀書這件事不行，做什麼事都很行。

從小，我就很喜歡大自然，放學以後不是去魚塭，就是去博物館。那是日本時代，台南人口還不到十萬，但是就有博物館，還有一個生物館，裡面有動物的標本，都免費讓人進去參觀。那幾個博物館我常去，所以心裡就一直保留著那個印象。

後來，我自己有一點小成就了，就想說，多數現代人留給子孫的就是幾棟的房子、多少的錢，為什麼不會去想到我們不要留錢，而是留一些好的文化、好的傳統呢？

於是我覺得我應該來做博物館、做自然館。所以現在大家來看我的博物館，就是我小時候留下來的記憶。

我的博物館只有一個精神：為了大眾而存在。就像音樂，就是要做大眾聽得懂的曲，美術收藏，就是要大眾看得懂的作品。當然，我的舊博物館的這些收藏也是看免費的。

剛開始要收藏畫時，我自己不是很有自信，就組了一個顧問團，請了一些專家權威，然後把目錄交給他們去看。可是最後這些專家選出來的畫，大家都看不懂，我只好先放著，憑自己的直覺去選。所以現在博物館的畫，大多數是我選進來的。我選的時候也不看名字，看喜歡就好。

趣味的是，現在國外美術館的人來，對奇美都很稱讚，問我怎麼買得到這麼好的畫，連他們都買不到。其實，這些畫並不貴。只是當全世界都在炒作抽象派的時候，我反而去買古典寫實的罷了。

所以，「有名」跟「好的」，是兩回事。有時候，是因為它的歷史價值讓人感動。

十九世紀以前的畫家真的很偉大，像林布蘭，他差不多是十七世紀的荷蘭人，比梵谷還要早，他那種寫實的能力和表現手法，真的很不得了。那是從五、六歲就要開始訓練的。這些偉大的畫家早期一定是先研究前人的作品，後來才創作出自己的東西，他們素描的基礎若沒有達到一個人從樓上摔下來，眼睛閉著就可以畫出來，沒有這樣的程度是不行的。我們一般人作素描，是邊看邊畫；那時候的畫家，是看一眼就能畫。那時候是沒有照片的，他們訓練到光線、明暗都在腦子裡了，已經像人家說的「演說家發表幾小時的談話，都不需要打草稿」。所以說，藝術實在不是一夕生成，實在需要長期的累積。

我認為現在很可悲的，就是藝術都在跟流行。

不說別的，就以十九世紀的美術來說，我的博物館裡就有很多當時「巴黎官方沙龍展」的得獎作品，或是入圍的。這些繪畫或是雕刻，在當時都比現在時髦的莫內、馬內等印象派的畫，地位更高。也就是說，在那個時代，是我這些畫比較有價值，只是現在社會上是流行炒作印象派而已。印象派瘋一陣子以後，好啦，又說後期印象派比較好，所以梵谷啦、塞尚啊，又流行了一陣子；到最後，就變成要畢卡索、馬諦斯這些抽象的現代主義或是後現代的東西。

這不是在說他們都差，而是說，當印象派那邊一張畫的價格，可以買到古典寫實主義這邊的十張時，這是沒有道理的。

我舉一個例子。梵谷在世的時候，只賣出一張畫，還是他小弟買的，可是現在若說奇美博物館的所有畫作要去換一張梵谷的畫，也沒得換，沒處可換。那這到底是我們的問題，還是他們的問題？現在國際拍賣會上一張畫喊價好幾千萬——是美金喔，那已經不是畫，是股票了，已經跟美術完全無關了。

畢卡索就更不用說了，現在即使我要買一張畢卡索的畫，也沒得買，要花上好幾十億。但是你說，他到底在畫什麼？實在說，也沒幾個人知道。他的畫在拍賣會上用十分之一的價格要賣給我，我也不要買。

現在印象派以後的藝術受到商業吹捧，古典跟寫實主義的比較沒人炒作。可是，若說在有限的預算內，你要買一張畢卡索的畫，還是買一百張寫實的？我是認為，還是寫實主義的比較久遠。林布蘭五百年以後還是林布蘭，還好他生前就很有名，不然，人家也會說梵谷，或是莫內、塞尚的畫比較好。莫內老實說是因為他太有名了，否則從文藝復興轉頭看到莫內這樣的東西，我們實在會想說，奇怪，他到底在畫什麼？

像我客廳這幅《浴女》，是我自己臨摹的，原作在博物館裡，你來看這張畫，難道有輸給莫內嗎？沒有吧！他把背景的景物稍微簡化，這是印象派的風格，但是前景的主題人物是寫實的，看起來也是很美，對不對？但是這張畫若拿到拍賣會上做買賣，我看價格是不到莫內的百分之一。

這就好像說，已經變成不是在「看畫」，是在「看名字」了，作品本身是好是壞，都不去管了。即使實在看不懂，即使不是你腦海中有氣味的東西，名氣大的就喊好。我是認為，這對藝術的發展與欣賞是一件不幸的事情。

有些藝術家不滿意我博物館的畫，要我去買一些比較有名的，例如畢卡索啦、馬諦斯啦，當然我只是聽聽而已。打從一開始，我就不是要給「高級的人」看的，而是要讓一般人看得懂的。

但是，絕對不要以為寫實主義就沒有藝術價值，林布蘭是寫實的，米勒是寫實的，柯洛、杜普荷這些巴比松畫派都是寫實的，文藝復興時代的作品更都是寫實的。所以我們博物館裡好作品實在很多，在亞洲，連日本的寫實收藏也沒有我的多。因為日本在戰後就忽然間跳入抽象派的世界，大筆的錢都花到現代主義身上去了，真正那些古典的，那些真正需要功夫的畫，還是我這裡比較多。

所以我博物館裡所有的收藏品，無論是老人或小孩，看了都會愛上。

80
台灣的文化復興，從台南開始；台南的文化復興，從奇美開始！

我向來認為，美的東西就是藝術。而且收藏的種類一定要多元，才能符合博物館是「屬於大眾」的精神。我從來不會去限制博物館要展些什麼，或是有「只有美術品才是藝術」的狹隘想法。所以，我們的博物館有五個主題館，都很平民。

我一開始時是收集美術品與樂器，也就是奇美「西洋藝術館」跟「樂器館」的由來。喜愛音樂的人，可以來參觀樂器的歷史發展，而一向繪畫跟雕塑是完美的搭配，所以也收藏雕塑。但一個博物館若只有美術與樂器，一般大眾對藝術品不見得都有興趣，為了讓展品能更吸引小朋友的注意，我陸續又增加了「自然史館」，收藏動物標本、化石和隕石等等，所以博物館裡也有鳥獸可以看。你到動物園去看無尾熊，排隊排了兩三小時只能看個一兩分鐘，而且無尾熊也不是常常要給人家看，不像我們的東西，都排得美美的給人看。

不要小看這些喔。我博物館裡的動物數量，可是亞洲第一的。那裡面很豐富的，像大象、北極熊，那麼大隻，製作標本的人都是世界一流的水準。我是從美國的史密斯松寧博物館（Smithsonian Museums）把整群專家請過來，那是很高的水準，在亞洲你絕對看不到。

再來，我們還有「文物館」跟「古兵器館」。為什麼我裡面會收藏古兵器？

第一，我認為人類的歷史是一部戰爭史。在戰爭的歷史裡面，武器占了很重要的地位，因為科技的演進和武器脫離不了關係，所以裡面有科技的思考。

其次，武器也是一種藝術品，你若觀察一把刀的雕刻，譬如一把日本古刀，它的形體也好，質地也好，實在是很美。它的硬度也很特別，普通的刀若拿來切鐵，硬的刀會斷，壞的刀會凹；但日本刀是普通的鐵這樣切下去，鐵會斷；而它自己既不會斷、也不會凹，那實在是了不得的技術。戰後多數的日本古刀，都被美國收藏去了，我們珍藏的日本古刀，大約有一百把，裡面有幾把可是國寶級的。所以武器裡面有科學，也有美術，它在博物館裡也是很有魅力的。

古文物跟古兵器的精神是相通的。「文物館」裡從古埃及、古希臘、羅馬帝國，到中國跟伊斯蘭這些古早文物都有，這都是人類文明的遺產，非常珍貴。學生若想看人類歷史的發展、古文明的東西，不用飛機坐很久到英國去看大英博物館或法國羅浮宮，只要來台南就可以了。

所以你們都有看到，博物館裡的典藏是包羅萬象，每一樣都很好看。都具有相當的水準，不論是做學術研究，還是純興趣去參觀，都好，我們收藏的藝術品一定要大眾都看得懂。

我們做的音樂CD，也是十九世紀、二十世紀初，很單純的古典樂。

我也是有些機會，從中世紀的吟唱開始接觸這些音樂。像我們聽韋瓦第，他一生寫了很多作品，比較有名的就是小提琴協奏曲《四季》，也寫了一些曼陀林的協奏曲，但他真正流行起來是在戰後，戰前很少人提起他。巴赫的音樂我們現在知道很了不起，不過他也是到了舒曼介紹以後，才受到重視的。比貝多芬更早的那些音樂家也很好，像海頓，即使是很外行的來聽，都會覺得實在好可愛。我也覺得韓德爾的音樂很偉大，他的音樂旋律就幾個音而已，卻讓你百聽不厭。會拉琴的人一拉就知道。古怪呀，明明就沒有幾個音，怎麼會越拉越有味道！

這些單純又好聽的古典樂曲，奇美基金會都有做成教材。一些很好的歌跟曲，我都會交給合唱團、奇美愛樂去錄成CD。若讓音樂家來聽可能不甚滿意，不過我們覺得實在真好聽，聽了很爽快。

這些錄製好的CD跟DVD也可以送給學校，讓他們休息時候可以放來聽。還好現在的學校教材校長可以自由作主，所以我們基金會也編寫一些美術跟音樂教材來幫助學校。幾年前我就捐給教育部五千多套古典音樂集，全國的中小學有五千多家，我就每個學校送一整套，也捐了一些畫。

我們也培養年輕的藝術人才，這個我已經做幾十年了。基金會有一個「奇美藝術獎」，專門培養對美術跟音樂有天分的年輕人，每人每個月有幾萬元補注，補助一年。若以金額來說，也不會比北部少，只是我們南部在做的事，北部都沒在注意而已。這項補助二〇〇八年剛好滿二十屆，所以我們已經鼓勵了兩百多位年輕人，讓他們可以安心創作，潛力才會完全發揮出來。我跟這些年輕人說，我對你們的要求只有一項：希望你們日後做出來的作品讓大眾看得懂、聽得懂，如此而已。這樣對社會才有貢獻，不要只有自己快樂。

要快樂的時候，就要一起快樂。

這就是我們在做的事。我們就是想辦法讓這些生活的、草根的、大眾會感動的藝術文化活起來，把它復興起來。我有一個理想，就是：台灣的文化復興是從台南開始的；而台南的文化復興，是從奇美開始的。

81

這是咱ㄟ夢——臺南都會公園奇美博物館

奇美博物館的故事，到如今已經持續了八十年。

博物館是我幼年時代種下的一個夢，還記得我只是七、八歲的囝仔，放學後常常跑去圓環那裡的博物館，一直待到管理員收牌仔才甘心離去。那間是日本人設立的臺南州立教育博物館，不能小看喔，在當時可是台灣第一座公共博物館。

因為在日本時代，日本人來台灣的第五年，在那個戰亂的時代，他們就做了兩間還是三間博物館。台南這間是現在的一間古早厝，那時台北也有一間。那時我唸小學，一有時間就跑去博物館看，小時候印象很深，裡面有一些動物標本，虎啦，獅啦，象啦，還有古早人用的東西。規模不太大，所以那時想過：有一天我長大了，我也可以有能力做博物館嗎？

這是我在日本時代的記憶。我本身也喜愛收藏一些人類的文明藝術，我的範圍比較寬，普通美術館就是收藏美術，我的館包括圖畫，包括雕塑，包括武器，人類的歷史就是戰爭的歷史，戰爭的歷史裡頭，武器佔很重要的地位。我的武器收藏，有可能是亞洲最多的。來博物館看了就可以知道，生命跟生命拚搏的時候，武器是怎樣發展的經過，像是威尼斯在那時為什麼那麼強大？她僅是一個小島，卻發明了一種箭，普通箭我們是用手射的，威尼斯發明的是用機器捲射出來的。所以，海上一有船靠近，他們的箭射得到對方，對方的箭射不到他們，這就贏人家了。要不然一個小小的威尼斯如何能夠強大？人類發展過程中，武器確實很重要。

當然，我是不會把「民族主義」這種思想掛在頭殼上的。我認為美的東西，就把它擺出來，圖畫也好，雕塑也好，什麼都好，但假如帶著那種思想，就會有限制了。我的博物館沒有限制什麼款的東西，所以你看，日本刀很美，對不對？日本刀我有幾百把，西洋劍，武器，還有動物標本，亞洲最豐富的算是這裡了。曾經碰到的問題是，有隻長頸鹿標本太高了，進不去建築物，想盡方法，到了最後，設法彎了頭才行。哇！這非常可惜，我自己痛得要死！

當然，有很多人批評我啦，說為什麼要蓋這種歐式的博物館？我們漢民族應該有自己傳統的東西才對。我就問他：你現在穿的衣服是固有傳統的嗎？不需要去說這種事情啦，覺得美就好了，你說對不對？其實這是文化，不需要去分說什麼才是固有的、傳統的，什麼是西洋的、外面來的。

我們這裡很自由，繪畫我是看美的，法國也好，哪裡也好，看到美的我就買進來。武器也是這樣，所以我們的收藏內容非常自由的。博物館裡有很多東西，美術品、武器、動物標本種種。博物館一做下去，就不能只用自己很小的思考跟趣味。因為我小時候對動物標本特別有興趣，所以博物館最大收藏特色就是動物標本，像裡面那隻象，很大隻啊，現在再也沒辦法取得了。裡面大大小小什麼動物都有，還有一千四百多把琴，這是很不得了的事情呀！所以說，你一個國家就算說了再多的話，如果沒有文化，人家還是看不起你的。

我一直堅持博物館要設在台南這塊土地。我運氣好，做企業成功，回饋社會就應該從自己的故鄉、自己成長的所在做起。臺南是我土生土長，也是我事業起步和發達的地方，所以奇美博物館當然要站立在這裡，奇美有能力將許多人類寶貴的文化資產留在台灣，分享給社會大眾，讓全世界看見台灣，這是我一輩子最快樂的事！我想，奇美博物館早已經不是我個人的事、或公司集團的文化事業，這是屬於全台灣社會的資產。

能夠走到現在這一步，奇美博物館才算真正全民的、大家的博物館！我的夢，已經圓滿了。

82 大家ㄟ博物館！來奇美博物館就像回家

先來說我要做博物館的動機喔。

從很小的時候開始，我書是讀不好啦，我比較好運，本身對賺錢也有一些天分，很順利地做東做西，一直做起來，然後賺了錢。普通人都是想錢啊愈多愈好，這一點說起來我是比較會煩惱錢要怎麼花？這也是很重要的代誌。因為我受過馬克思的影響，他的一句話影響我一世人。他說了三塊麵包的故事，我認為這「三塊麵包論」代表他一切的思想：對餓到快半死、肚子很難受的人來說，第一塊麵包是生命，沒吃就要死了，對不對？第二塊是快樂，有得吃當然比較快樂，但沒吃也能活；第三塊呢？那是毒藥！

我是少年的時候，看到馬克思說的這個故事，就永遠記得了。第一點是說，你如果沒有解決第一塊麵包的問題就什麼都別談了，如果賺不了錢就不用多說什麼；第二塊是快樂，比如最好是多娶幾個老婆，但這個麻煩很多，所以我只娶一位（笑）。從第二塊麵包講起，我就想說應該要做對社會有意義、對我自己也有意義的事情。我第一個想的是醫療，因為日本時代台灣南北還有平衡，戰後醫療資源都集中在台北了。我覺得馬克思這話很重要，第一塊麵包不吃會死，第二塊是快樂，第三塊是毒藥。要怎麼把毒藥變成不是毒藥？就是你要把錢拿出來讓大家分用，不要當守財奴。

日本時代每天學校下課，我就跑到博物館參觀，都自己去啦，走路，古早沒在坐車的。小時候印象很深刻，天花板有一隻蛇，旁邊就是動物（標本）什麼的。對我來說，很有魅力的就是免費。免錢就可以進去到處參觀。有時候，一個禮拜去好幾回，當然，我也是閒閒的啦。現在的孩子一回家就要讀冊，我一世人，尤其是小學，一回到家就讀書非常少，就是去學校也都在迌迌（遊戲），有空就去博物館玩。小孩子也沒錢，博物館免費嘛。你想想，那時候日本人也不是很富有，統治台灣也不需要蓋博物館，槍拿出來就可以了呀，對不對？結果日本人一來就做了兩間，不簡單啊。

當然那沒多大間，但對小孩子來說，免費啊，小孩子其實沒地方去，都跑這裡去了。博物館有人在顧門發牌子，比如發了五支牌子，收回來四支，那就一定有個人躲在裏頭，所以，你要進去一定要拿牌子，免得你躲在裡頭不出去了。

我蓋博物館的動機，第一就是，賺了錢要怎麼用？你如果賺了錢，你想做什麼？要知道，做事業的人，一個月固定拿十幾萬出來，那是很簡單的。可是還有很多錢啊，有一段時間，我們一年賺的是以億為單位，剩下的錢怎麼辦？這些錢也得有一個出路才行。大部分的人當然都是轉留給子孫啦，但這對孩子也是一種不小的負擔，所以我才想來蓋博物館、蓋醫院。

博物館就是這樣蓋起來的，也就是你賺的錢到底是要怎麼用？對男人來說最好是多幾個老婆，這很實在，現時的社會卻不允准，小孩也會看不起你（笑）。最後變成說，那我就來做醫療跟文化。我前面講到馬克思說，第三塊麵包是毒藥，孩子不應該留給他們太多錢。有錢很好，問題是，對不會花的人來說這就是毒藥！比如說，有些有錢人就是煩惱錢會變薄，所以去買股票什麼什麼的，每日操煩錢的事情，這對健康不好，就像是毒藥。

蓋博物館這件事，本來應該政府來做，這是社會教育。在一個社會當中，博物館是很重要的，大家進來博物館，就可以看到一些人類的活歷史。政府沒錢做，我剛好有多的錢，那就蓋一蓋了。

我的博物館有很多東西可以看，今天來看一看，明天還可以再來。最好先來預約，每天都來也沒關係啊。博物館裡面有冷氣，歐巴桑、歐吉桑遇到外頭天氣熱，就進來裡面休息，還有咖啡可以喝。

博物館對社會教育非常重要。我拿錢出來做對社會有貢獻、有意義的事，說實在的，經營博物館、去蒐購藝術品，在我來說，都是歡歡喜喜在花錢，錢就是要換成幸福，才不會是毒藥。

做文化，本來就是我很愛做、很歡喜的事，蓋這間博物館，讓我很滿足啊。

我也不是什麼大演奏家，可是我拉的小提琴，讓人聽了會微笑，這就是藝術，這才是存在生活裡的藝術。（奇美提供）

83 奇美跟市政府共同孕育的寶貝，希望全社會攏來照顧

二〇一五年元月，奇美博物館的新館開幕了。這不只是我個人跟奇美集團的美夢成真，說起來也是一份五十年的社會使命。

很多人好奇新館建立的背景。其實，我一直想在外面找地蓋博物館，這件事情想了十幾年，實在需要土地。我們民間有心，政府卻不一定開明，唉～土地真正很困難啊。

博物館最早是放在公司大樓裡面，五樓，六樓，七樓，三層這樣，免費讓大家參觀。漸漸之後，就想說還是到外頭蓋一間，那樣比較舒適。一開始是期待政府，我提供展品、內容。我有這個心，央望政府提供一個場所，結果說了我看有十年以上，都沒辦法。原本我是中意那間

日本時代蓋的市政府（現在的台灣文學館），政府不願意；後來找上對面的警察局，政府嘛不同意。我就說，好，要不然台南文化中心對面有一塊地，讓我來蓋吧！政府還是不要啊。為了蓋這間博物館，光是土地就耗那麼久。最後是我跟政府說，博物館若蓋起來，周邊土地都會增值，這個問題才解決了。大家想想看，我是要拿錢出來要做對社會有貢獻、有意義的事，現在也沒有在製糖、製鹽了，政府應該設法趕快把土地釋放出來。這是公共的土地，早就應該交給地方去活用，大家應該要關心這個才對。

你想想，台糖、台鹽，那麼大片的土地，最後都是少數人在控制，為什麼不拿出來給百姓用？現在也沒在生產了。民間要蓋一個博物館，還要去拜託，跟他們談。其實應該是他們要拜託我們才對啊。真奇怪啊，老早就該解放出來，讓各縣市去利用開發嘛。博物館對社會教育非常重要，在外國，如果聽到民間要出錢，政府半夜也會趕快來找你來討論。結果從二〇〇五年起，在前臺南縣長蘇煥智與奇美共同催生下，才終於展開規劃興建。

這整個過程歷經考驗，實在不簡單。新博物館建築座落在臺南都會公園之內，由奇美集團出資建造，二〇〇八年碰到全球金融海嘯，我與集團仍然堅持做下去，甚至主動追加必要的預算，盡心盡力打造。二〇一二年建物完工落成，再整個捐贈給市政府，正式命名為「臺南博物館園區奇美館」。這棟建築物的存在，更加落實奇美長期關注文化藝術、追求共享與永續的幸福理念。

有人會問我博物館的建築物樣式種種，其實我沒有什麼特別感覺，因為要決定這個形體的時候，有很多人反對，說太西洋了。我是這樣想的，人類的東西都是累積起來的，這種樣式也不只是我們才採用，說起來屬於希臘、羅馬時代的形體，就是看起來美美的，那就好了。裡面的展品是人類共有的，外面實在不用爭什麼東方傳統、西方傳統。

這個建築，我沒費很多精神，只是說，人家歐美那種古典、美的，你去仿來就可以了。當時有很多建築師要自己設計。我說，拜託，人家十六、七世紀很美的，你去仿照就可以了。一開始有人建議比圖，我說，不要，你去看歐美那些很美的建築物，你照那樣仿造就好了。

建築師當然有他自己的一些idea，這也沒錯，但我一開始就說了，你不要假行喔，照著模仿過來就好。可是最後他自己也得要表現一些他的想法，因此也有些不一樣的設計就是了。

總之，我們蓋了一個很美的所在，讓民眾禮拜六、日可以帶著小孩子到處走。我感覺這樣子很好。這個對地方美美的，走進裡面又有冷氣，也有咖啡喝，有美麗的藝術品可以看。博物館的志工，在做說明的人，他們沒有任何收入，也是很甘願來做事情，我感覺這也是很美的一面，很美的代誌。

這個博物館很有意義，可以把這些想法說給社會了解，我也期待，透過媒體讓更多人知道。我有這些好東西，希望大家都來看，希望更多人來看。

實在說，我的收藏好壞是一回事，至少是大眾化的東西。像那些抽象畫，奇奇怪怪的，讓人看不懂，在拍賣場卻很貴。中國現代畫最近也是瘋成那樣子，很貴啊。但你去看那些畫，也是不怎樣。所以，價格是不能來決定作品好壞的！我們實在不需要很深的理論，畫看起來漂漂亮亮的，適合大眾化就很好，漂漂亮亮的我就買下來。

一九七〇年我曾經參訪在大阪舉行、亞洲首次的萬國博覽會。經過俄羅斯館時，本來以為以當時俄國國力，必定會展出優勢的太空裝備成果，好傲視全世界。我卻看到展示大廳所陳列的竟是柴可夫斯基用過的鋼琴，跟托爾斯泰用過的桌子。俄國希望讓所有大眾看到的，是他們對人類文化的貢獻。

大家知道嗎？在歐洲，人民茶餘飯後所談的，大多是一場音樂會內容、一場歌劇情節、一位作曲家、一位歌唱家，或是你會不會吟唱某一首動聽歌曲？一個大城市總是擁有幾個交響樂團，甚至幾個歌劇團。我在希臘旅遊時，親耳聽到計程車司機也會唱歌劇。聽說俄羅斯景氣低迷時期，百姓們儘管省吃儉用，也還是要買票聽音樂會。還有，丹麥只是一個很小的國家，卻因為安徒生童話而讓全世界知曉。人人都說歐洲有很高的藝術文化涵養，那我們台灣呢？

人有五種感覺，眼耳鼻舌身，若只會吃很好的美食、只顧著這張嘴的需要，眼睛跟耳朵是會抗議的！人若懂得顧到五感平衡、身心才會平衡。所以我們要疼惜藝術跟音樂各種文化人才，也要為這個社會培養好的文化氣息，民眾自然會去看美術展覽、會花時間去欣賞音樂、看舞台表演等等。

一個國家是否受人尊敬？取決於百姓文化素養內涵，要提升台灣在國際競爭力，就應該從文化藝術著手，這是看不見的文明實力，會讓台灣脫離「土富」階段，晉升到一般國民的五感都有品味、有鑑賞力的文化國家。

我實在認為，台灣社會要改造，有文化才能受人尊敬。新的奇美博物館在臺南都會公園落地生根之後，就像一本百科全書展開在觀眾眼前。這是一座富涵人類智慧與歷史文明結晶的夢想城堡，可以豐富人們心智，開拓人們視野。更重要的，這是庇蔭人類心靈與精神世界的所在。博物館就是大家的厝，歡迎大家來迌迌啊！

奇美博物館從臺南出發，這間博物館是為大眾而存在的。而且，我認為博物館的收藏品是活的，不是只為展示才存在，應該要分享出去，被更多的大眾看見、聽見，這些珍貴的藝術資產也才有更多機會去涵養人們的精神跟心內。

也就是為了這個理想，奇美博物館這麼多年來無償出借名琴、名畫到國內外各處演出或展示，用文化力量，以實際行動，讓臺灣被世界看見！奇美博物館願意來起這個帶頭作用，「讓台灣在世界上浮起來！讓文化藝術成為台灣人的集體榮耀！

84

我有一把小提琴，美國人來借，保費五百萬美金；法國人來借，派槍來保護

那麼，奇美博物館在世界上的地位是如何呢？

我有很多收藏品，常被外國借去展覽，這些事台灣較少人知道。我有一些巴比松畫派的重要作品，荷蘭政府來借過，在梵谷美術館展覽，然後法國的奧塞美術館接著借去；卡蜜兒的銅雕《遺棄》，這也是極有名的，日本的NHK借去巡迴半年；英國也來借過一座大理石雕像——《阿特米斯與獵犬》，這是索尼克羅夫的；另外，美國的大都會博物館、英國的泰德美術館、倫敦皇家藝術學院、加拿大的蒙特婁美術館、荷蘭葛羅尼根博物館等等，都來借過畫，像浪漫

派的《秋天的海潮》等等。最近，西班牙很有名的私人博物館，才剛剛借走一張十九世紀的畫《安卓米達》。這些都只是部分例子，我們館藏畫作有一千多幅，還有很多很好的作品。

那麼，現在借最多的是什麼？

小提琴！

現在我們走出去，人家問台灣有什麼？若跟他們提起奇美，幾乎都知道全世界violin collection（小提琴典藏）最完整的，就是台灣奇美。我們收藏的名琴，不論是品質、數量還是廣度，在全世界的提琴機構中都名列前茅。以私人機構來說，已被譽為世界第一，幾乎囊括了提琴史上所有重要的製琴師與流派。現在世界各國若有提琴展，一定要來台灣跟我借，連在義大利或法國舉辦的音樂會，都要來找我們。

為什麼violin的收藏這麼重要？人類的文化裡面，音樂占了很大分量；音樂裡面，小提琴的地位則是非常崇高的。交響曲、協奏曲的形成，甚至樂曲的發展，都跟小提琴密切相關；以orchestra（管弦樂團）來說好了，也是以小提琴做主體，一支violin搭配上orchestra，就可以在一千人的演奏廳裡演奏起來了，而且不用架mic（麥克風）。真古怪哩，你坐在最前排聽，不覺得有多大聲，最後排卻還是聽得清清楚楚。若是鋼琴跟小提琴一起演奏，前面是鋼琴聲音大，到了中間，兩者都聽得到，到最後面就只剩下小提琴了。

說到琴，這裡面學問就深了。

有人說，這世界上不存在「絕對的東西」，但小提琴就是接近絕對的東西。鋼琴你若彈一百年，聲音就會變差，小提琴反而是要經過一段時間以後，聲音才會越來越好。這實在非常神祕，時間越久，聲音越精醇，這是它第一個特色。第二，它的價值在於聲音，靠近耳邊不會太大聲，演奏廳後方卻也聽得很清楚。這樣的聲音連現代科學力量也無法製造出來。最後加上戰爭因素，老琴的數量一直在流失，好琴真的剩沒幾支了。當名琴流失之時，小提琴的音樂人口卻不斷成長，增加了好幾十倍。正因為這樣，除了醫療、教育以外，讓我花最多錢就是蒐藏提琴了。

這件事我已經做二十年了。最早買的第一把，就是林昭亮的史特拉底瓦里，時間差不多是一九九〇年。到今天，我們收藏的提琴已經超過四百六十把，出自全球三百四十位重要製琴家之手，時空超過四百年。這裡面，世界名琴就有將近四十把，當然義大利三大家族的都有。

譬如我有一把史特拉底瓦里的小提琴「瑪麗．霍爾─維奧第」（Marie Hall–Viotti），這是他一七〇九年做的，這把琴在國際上公認是他所有提琴中音色最好的一把。我還有一把他的大提琴The Pawle，這是他一七三〇年做的，馬友友來借過；還有一把一七二二年的小提琴，這是姚阿幸拉過的。另外瓜奈里家族的、阿瑪蒂家族的，都有，都是十七、八世紀很珍貴的東西。

馬友友拉了我的大提琴以後，我問他怎麼樣，他說，這是不得了的東西！我的琴比他的好，他一拉就知道。

現在博物館裡最古老、而且最珍貴的館藏之一，是一把達薩羅的小提琴——「艾爾・杜烏比」，這把琴已經有四百五十歲了。有人說，小提琴就是他發明的，雖然並沒有找到證據。還有一把札內妥的viola（中提琴），是目前全世界最古老的中提琴，也是四百五十歲，都是我們的鎮館之寶。我們好琴真的很多，像一把馬吉尼的中提琴，最近在故宮展覽被一個法國導演看到，他說好想把玻璃打破，把琴拿出來拉。

我還有一把小提琴，耶穌・瓜內里的Ole Bull（奧雷・布爾），是全世界公認非常好的，美國人一九九七年來借時，保險費是美金五百萬；法國人一九九九年來借時，是派拿槍的來保護。

最近，義大利舉辦兩場音樂會，來借也是一樣，當然他就要派人來，送去再送回來。國外在照顧一把琴，都是武裝的人在保護。

這些琴都是人類文明的珍貴資產，現在是由我們台灣一家民間博物館在保護。這是台灣的驕傲，實在是值得讓大家去看、去了解的事。若要問說，現在台灣有什麼世界第一是其他國家比不上的，就是奇美的violin了。全世界任何想要研究violin的國家，都得到台灣來。

這句話我敢這麼說，因為沒有人像我們一樣，收藏這麼完整的。全世界從最古早、差不多是「阿祖級」的提琴，都沒剩幾支了。我們是很有系統在做這件事，因為名琴並不是拿來做買賣的商品，第一，要有錢；第二，要有心；第三，還要有運氣。欠缺這些條件，錢拿再多也沒用。

我舉一個例。名琴，是需要經過國際認證的，不是自己說了就算數。在全世界提琴的認證機構中，最權威的就是英國的貝爾公司，認證費用一律收琴價的十分之一，所以並不便宜。可是，貝爾不但不跟奇美收錢，還主動派人來指導我們如何保存，而且連旅費都全部他們自己出。由此可見，歐洲實在是文明國家，他們是替全人類在保護這些文化資產的。

我再舉一個例子。最近，還有歐洲的收藏家主動聯繫我們，願意以低於市價的行情，將一把名琴賣給奇美。他們不賣給出價最高的買家，就是認為奇美會好好珍惜這把琴。所以對歐美這些有琴的人，或是收藏家的後代，我實在很感動，也很佩服，他們不是因為你有錢就要賣琴給你，你若達不到水準，他們也是不願意賣你的。

這裡面很重要的因素是：奇美收藏的，是violin的歷史：violin是從什麼人開始的，中間又經過什麼人。從人類發明提琴到現在，差不多有五百年時間，一般人比較熟悉義大利的三大家族。事實上，製琴是有很多學派的，光是義大利就分了好幾個學派。像德國的史戴納（Jacob

Stainer）、法國的萊克雷爾（Jean-Marie Leclair）學派等等，還有很多，都各有特色。

像Stainer琴的特色，就是聲音很甜，那種我也有三支。它適合在大約三、四十人的音樂廳演奏，因為十六、七世紀的演奏廳，差不多就是這個規模。所以Stainer當時很紅，一直紅到十八世紀晚期，你若買一支Stainer，大約可以換三支Stradivari。但是到了十九世紀以後，音樂普及了，演奏廳也由幾十人變成了兩、三千人的規模，這時候，琴音比較飽滿的Stradivari就開始大受歡迎。就變成一支Stradivari換兩支Stainer，或一支換三支這樣子。這個情況，持續了很久。

直到帕格尼尼出現。帕格尼尼可以說是歷史上最好的小提琴家，有人就說，他的技法像魔鬼一樣，很厲害就對了！他拉琴的時候是感覺到Stradivari的琴不夠力，再加上音樂廳的規模也變大，所以帕格尼尼就發現了耶穌．瓜奈里，並且用他的琴在歐洲各國演奏，轟動全世界。瓜奈里的地位，就是這樣起來的。

瓜奈里跟Stradivari地位並駕齊驅以後，價格一開始也是不相上下，後來大家又發現Stradivari琴做得多、瓜奈里琴做得少，所以瓜奈里的琴價就一直高起來。現在，一支瓜奈里反而可以買到兩三支Stradivari。

耶穌．瓜奈里的家族裡面，就屬他琴做得最好。這個人也是很古怪，一生沒有做多少支琴，但是很花心，也曾和人家打架、被關，所以他作品的好壞差別很大，但是好的作品無人能及，因為power很大，這一點就是帕格尼尼發現的。那我這裡，耶穌・瓜奈里很好的琴我有兩支，因為它的數量本來就少，但是他家族的琴我們有不少。

所以我說，提琴的學問是很大的。

你們來看它這個形體，這差不多在五百年前就出現了，但最早它到底是長什麼模樣，到今天還有很多人在研究。這個形體最早出現在世界上兩個地方，一個是義大利的布雷西亞（Brescia），一個是義大利的克里蒙納（Cremona），明明這兩地在當時交通並不便利，沒有什麼往來。這兩個地方的小提琴形體，一般人來看也許長得很像，但內行人來看就有差別，例如形體、弧度、上頭鑲線的位置，然後F孔、琴頸到琴頭的工法，每個家族各有特徵。當然木材的選擇、漆色、音色種種，差異是很大的。

直到今天，violin都還是很神祕的東西。為什麼兩把琴外表看起來很相似，但一把的聲音可以穿透整座音樂廳，另一把卻是嗚嗚叫，聲音也不怎麼樣。就是因為這裡面的學問，才產生一把有價值的violin。

再來，提琴收藏裡不只有小提琴、中提琴、大提琴，還有琴弓。你們來看弓，以為沒什麼，其實，弓也有很多學問。

好的弓跟壞的弓若讓專家來說的話，好的弓一劃下去，聲音會自動跑出來，因為木頭不像金屬，這是活的東西，還要看纖維怎麼排列、形體是什麼樣子。就像我手上這把弓，你一拉下去，力道會集中在哪個點，聲音能不能充分發揮，到現在都還是非常奧妙的事情。同一把琴，用不同的弓來拉，竟會產生這樣不同的差別！

所以，現在買弓反而比買琴還要困難，因為弓是消耗品，碎了就沒有了。我從一支一萬美金開始買，那差不多是四十年前，現在若沒有二十萬美金是買不到好弓的。比較貴的弓，一支差不多要美金三十萬。

對一個演奏家來說，能演奏到一把世界名琴，絕對是畢生渴望的夢想。國外就有人說，那就像是「兩個靈魂的相遇」，一個是演奏家的靈魂，一個是提琴穿越歷史的靈魂，絕對你是歡喜到睡不著的。因此，奇美也有一個政策：琴是活的，我們收藏的名琴不是只為了展示而存在，更希望這些琴的稀世音色可以被更多大眾聽見。

為了這個理想，多年來我們無償出借名琴，給很多很優秀的國內外演奏家使用，光是帕格尼尼大賽的得主，就有六位借過我的琴，或帶出國去比賽，也用這些琴錄製了很多名曲CD。只算過去幾年，我們的琴已經出借了超過八百次，台灣的提琴演奏會中，十場裡有七場是借奇美的琴。像現在，我說話這個片刻，我們還有一百多把提琴正在全世界旅行呢！

感恩茶會上，許文龍先生為奇美博物館志工演奏一曲，表達深深謝意。（奇美提供）

85 你是否聽到遠處傳來的鐘聲？

小學時，我遇到一位好老師。有一天他拿來一幅畫，畫中有兩個貧窮的農夫農婦，黃昏時站在寬寬闊闊的田野上，兩人雙手緊緊合十，正在低頭很虔誠的禱告。在他們的腳下，有幾樣簡單的農具，畫的遠方，有一座小小的教堂鐘樓。老師問我們：「你們是否有聽到遠處傳來的鐘聲？」

這就是米勒的作品，世界知名的《晚鐘》。那時候，我們學生看了這幅畫，心裡都十分感動，也產生了美感。

這種教育方式，跟現在學校老師逼學生畫圖的教學態度，真有如天壤之別。過去，美術課對學生來說，是一堂很快樂的課，今天卻變成學生的負擔。

戰後對於如何提高文化水準這個問題，政府一直沒有妥善的規畫。我發現在文化工作中，一些音樂老師或美術老師已經屬於「專家」的範疇，他們所追求的事物，已經脫離了現實的生活。

我一向主張，音樂或美術教育不是要教育出大演奏家、大畫家。能夠教出愛欣賞音樂、美術的國民，就算達到教育的目的了。所以我要講，提升音樂、美術水準的第一步，要從學校教育重新做起。

美術課的目的不是要教畫圖，是要培養學生美術欣賞的能力。你是要讓他們能夠接受這些美術品，培養他們欣賞的樂趣，不是要讓學生想到又要畫圖就討厭的。我也曾經跟一些美術老師說過，不要一直逼學生畫圖，一個不會畫圖的人硬給他一張紙，要叫他畫什麼呢？

美術課是帶給人快樂的。若有一張畫，男孩子說畫裡的女孩子實在太漂亮了，他看到快昏過去了，這不就足夠了嗎？

所以若要介紹世界名畫，我會拿一張我們博物館收藏的《豐收》給學生看[2]。我會說，這一看大家就知道，天快要黑了，農民要割些麥草趕快回家。畫中的人就是人，馬就是馬，風景也很美，大家很認真的工作著，還有時代背景、畫家，以及特色是什麼。

在美術欣賞裡，自然就有美術史在裡面。學生若看到他喜歡的畫，人家他自己也會去想；若要講解古早人類生活的圖畫，或是藝術跟宗教的關係，老師就應該直接拿作品給學生看，在很有趣味的狀態下，自然都可以學習到美術史。因為一幅好畫裡面的故事，是非常豐富精采的。

所以美術課就應該是美術欣賞，有興趣的人自己想畫也無妨，可是學生有來上課就及格，絕對不需要考試。

音樂課也是一樣。我小時候也沒有音樂課，都叫做「唱歌」。唱歌就是讓學生唱得高興，唱個快樂。所以上課就是一台風琴，老師彈琴，讓大家把旋律聽熟了，然後歌詞抄在黑板上，教大家一起唱。我印象中有一首美國民謠〈科羅拉多之夜〉，大家唱得很高興，五音不全、狗聲乞丐喉，都沒有關係。那個時代上音樂課，是很快樂的。

現在學生上音樂課，卻很少有機會唱歌。你若去看現在的音樂課本，就會覺得學生實在夠可憐，還得去背樂理，大調小調的。我問過一些學生，若是我，我也會討厭音樂課。不但要背一堆東西，還要考試，這完全失去學音樂的意義了。

學校應該知道，國民音樂教育不是要訓練出音樂學者。我們是要從小培養學生對音樂的喜愛，不是要培養對音樂的害怕。

有一次，我到學校去，就放一首民謠給他們聽。一首旋律很美的合唱曲，大概三十秒而已，但是學生很開心，說還要聽。

所以，樂理應該不要再教了，學生一踏入學校，就讓他們多聽世界名曲，讓他們熟悉音樂的旋律，這是第一步。

再來，很重要的就是音樂欣賞。音樂欣賞怎麼做？可以參考日本的做法。

日本對音樂教育是非常重視的。像NHK在所有的節目裡，都會播出一個三分鐘的短片，介紹一首世界名曲。好比說貝多芬的《F大調浪漫曲》，影片中就會出現貝多芬的肖像，介紹貝多芬的故鄉、出生、故事等等。學生一邊欣賞曲子、一邊看美美的風景，在很自然的情況下，都能吸收到音樂知識。學校就應該多放這種音樂欣賞影片，讓學生可以輕鬆的吸收。

第三步，就是卡拉OK。現在的學生都很喜歡去KTV唱歌，我認為，就是應該把音樂課改成像KTV。以美國民謠之父Foster的民謠來說，有風景可以看，再來還可以唱歌，這樣上起課來就會很快樂。

所以音樂課重要的只有兩部分，「聽音樂」跟「唱歌」。這都是帶給人快樂的，不是要考試的。聽音樂最重要的，不在研究樂曲的調性、樂器編制，或是作曲背景這些，而是對旋律本身是否感到興趣。唱歌更是快樂的事，五音不全也可以唱啊！「狗聲乞丐喉」也可以哼出來啊！這有什麼關係，大家快樂就好，對不對？至於現在的音樂課本，還是可以留給學生當參考，有興趣的人可以自己去看。

台灣目前還沒有類似NHK的服務，所以我們奇美才會編製一套教材，把很多旋律優美的世界民謠錄製成DVD，也等於是協助學校推廣音樂教育。透過影片的播放，讓小孩在聽音樂的同時，既可以欣賞，也可以了解音樂史。

聽音樂、唱歌應該是快樂的事，學校實在應該讓學生聽個快樂，唱個快樂！

86 音樂跟美術教育，不要被政治給污染了

政治人物都喜歡講文化。蔣介石的時代是「復興中華文化」，民進黨時代則是走到「本土文化復興」。

不過音樂跟美術教育很重要的一件事卻是：不要被政治給污染了。文化的東西，不要給政治污染。

我舉個例子。你走進羅浮宮，可曾看過什麼「法國館」？羅浮宮是法國人開的，可是裡面從頭到腳都是國際的東西。大英博物館也一樣，你一開始看到的，就是埃及、美索不達米亞的東西，都是世界文明的遺產。日本也不會因為自己是日本人，一定只唱日本歌。

世界上好的東西就值得保留，讓大眾都可以分享，這就是普世價值。

日本對藝術文化很用心，明治維新的時候就派教育部長去歐洲取經，採集西方各地的音樂，特別是民謠。那些曲子帶回日本以後，都重新填上日本歌詞做為教材。那位引進歐洲音樂的日本人伊澤修二，後來還做了台灣總督府第一任教育部長。所以現在我們聽到很多好聽的民謠，都是一百多年前歐洲傳進來的音樂。在我小時候，老師教我們唱這些民謠，歌詞都很優美，旋律都很動聽。

我比較好運的是，小時候在學校上課，什麼課都可以減，就是音樂課不行。反而現在的台灣，要減的話都是從音樂課、美術課開始，這就是教育失敗。

所以我就說，考試要退出校園，政治也一定要退出文化。我們的音樂教材應該回到文化藝術本身，不要考慮意識型態好聽的曲子才放進去。

有些人反對這個想法。他們說，全世界很多人特地跑來台灣研究中華文化，我卻在說要世界文化。

但到底「中華文化」是什麼？實在說，我到現在還不知道。在我來看，頂多是商代一些鼎比較有特色而已。他們說的「中華文化」，指的是夏商周。可是，前一陣子又發現長江以南一些文物比夏還要早，中東那裡的文明又早了中原兩千年。所以，遊牧民族跑來跑去，到底中華文化「固有」的東西有多少？

這就是政治的污染。因為從小就被教導「偉大的中華文化」，使得有些人至今不願去了解世界，講國際化都是嘴巴喊喊而已。我是還好「沒讀書」，才有這些自由的想法，我若是大學畢業的，可能也無法有這些知識，因為頭殼都被政治教育給塞住了。

這並不是說中華文化一律不好，只是說，你也要接受別人的好處，要有這樣的氣度。我是認為，「中原文化」當中，中亞細亞帶來的影響很大，很多都是那邊來的。比如說胡琴，它是土耳其傳來的，洋琴也是西洋的，大概只有一百年歷史而已。但現在很可憐的是，小孩子若學小提琴，就一定要搭配學二胡，學這些國樂；若有西洋美術，就要有國畫。可是你們猜猜看，好聽的〈野玫瑰〉是中國音樂，還是西洋音樂？

答案是西洋音樂。〈雨夜花〉呢？也是西洋音樂的台灣化，不是台灣音樂的西洋化。這就好比同屬一塊豬肉，你煮你的味，我煮我的味，要找出固有的東西，是很難的。

我們再來看，國畫的技法是從宋以後傳下來的。可是傳下來以後，就沒有新的創造了，只剩拷貝的東西。勉強來說只有嶺南派，可是嶺南派卻是洋畫，是以西洋素描為基礎的水彩。我認為較有氣味的是梅蘭竹三君子，比如說樹葉有幾種技法、畫竹就是如此、畫蘭就要那樣；可是若要說臨摹，西洋油畫比起國畫更困難，國畫只有線條、顏色而已，但油畫的顏色是層層疊上去的，稍一疊不好，顏色就會濁掉。

當然我不是說國畫不好，只是說，牛皮不用吹得這麼大。

87 原住民的音樂，可以在國際上大聲說話

台灣的文化驕傲是什麼？一定有人馬上會說，故宮博物院。一直以來，只要有知名老外來看故宮，媒體就自誇故宮不得了。實在說，這是很大的誤解。

故宮收藏的，是「趣味」的東西，不是人類有價值的藝術遺產。就像我們也會想去埃及以外的非洲國家了解，那是對特殊事物感到趣味，不是認為你的藝術價值有多高，或真的想來學習文化。

對特殊文化感到好奇沒有不好，只是，不要把藝術價值混為一談。

你們去過故宮的庫房嗎？那裡面大部分是清朝皇帝的文書、清宮檔案；而且那些文書都是

形式上的，皇帝自己的不在裡面。所以若要認真說，是只有歷史價值，沒有藝術價值。那麼，為何這些東西地位會被提得這麼高？一來，因為中國號稱有五千年歷史；二來，蔣介石認為要當皇帝就要有這些。若要說它有藝術價值，價值也是很低的，那些文物民間也有。至於那些古畫，多數只有「古」的價值而已，但究竟有多少藝術價值？例如很有名的翠玉白菜，若要說雕刻技術，那是三流三，在歐洲就算學徒的學徒也不會刻得比它差；論材料，比它好的也所在多有，其實就只是有個青、有個白，也沒什麼皇帝用過。

但是，故宮的東西都說是「國寶」，要去美國展覽卻經費不夠，曾寫信來向我募款。可是他們跟羅浮宮借東西，還只是三流的哦，卻要付人家上億元。這說明了什麼？說明了我們都是自己在吹牛皮，報紙炒作說是國寶、說多轟動，其實只是東洋文化的東西，稀奇而已。

我認為，我們台灣可以在國際上大聲說話的，只有原住民的音樂。

例如布農族，天生就有合音的本領，若一個人唱Do，另一個就絕不會唱Do，不是高三度、五度，就是低三度、五度，這樣唱下去。而且他們若要做一件事情，開頭合音唱得漂亮，那狩獵一定會成功，戰爭一定會贏，小米一定大豐收。唱歌是他們生活的一部分，實在是很會唱。

在西洋，合音是十一世紀、十二世紀才開始出現的，我們的布農族卻不知什麼時候就有了，而且是在一開口唱出來以後，合音就會有所不同。日本音樂到現在也還沒有合音，中國有幾千年的歷史，但音樂也只有高低兩路，沒有合音。

所以，台灣在文化上可以誇耀的，只有原住民。而在原住民的文化裡，布農族的八部合音是世界上獨一無二的，是台灣足以向世界誇耀的文化。原住民有很多文化的東西，政府應該多加研究，也多多組團到國際上去演出，還要特別把重點抓出來宣傳才好。

不過，原住民的音樂研究卻是日本學者黑澤隆朝開始做的，不是我們。我認為政府在這方面真正要加油，要拚就要拚文化，不是去拚什麼經濟。

88 政府要做文化，就應借重民間的力量

台灣現在遭遇的文化問題，主要出在政府都是自己想，自己做，然後越滾越大，卻和民間社會毫無關係。

實在講，不管文建會存不存在，文化活動都會繼續發生。因為文化本來就是自然的產物，不是有政府才有的。可是政府做文化，都帶有作秀的心態，像有些文建會主委就很喜歡去敲個鑼、放個煙火。這些煙火一燒就是幾千萬，燒的都是地方人民的血汗錢，也不環保。做官的都知道這種秀會上電視，大家會看到，所以這類燒錢作秀的事情做久了，變成大家見怪不怪。

我是一直覺得很怪。文化活動到底怎麼做才是好？我們可以換個角度來思考。

在台灣，民間宗教具有很大的力量。宗教信仰吸引了無數香客，這就是很好的文化對象。可惜的是，政府的文化活動很少把握這種好機會。

我來說個親身經驗。奇美基金會就曾經在南鯤鯓代天府舉辦過「奇美博物館精品展」。短短三個月，你們猜，來了多少人？超過七十萬人！其中絕大多數，就是全國各地來進香的歐巴桑、歐吉桑。政府過去一直高喊「文化下鄉」的口號，卻是我們民間先做到了。

這個展覽是奇美跟台南縣文化中心合辦的，但它花了多少錢？全部活動經費只有五十五萬。比起文建會每年五千萬的地方補助預算，你看，經濟效益有多大！

那些歐巴桑、歐吉桑利用進香的機會欣賞文化，也是眉開眼笑的。我們就是結合了廟宇很厲害的動員力，這是多大的文化活動資源。文化本來就是生活的一部分，民間原本就有很多文化活動在進行。所以政府若要做文化，第一步就應該借重民間的力量。

再來第二步，是民間有很多團體，長年默默在幫政府做很多文化的工作，他們需要鼓勵，也需要補助。你若鼓勵這些寺廟，他們就會去做，因為民間本來就很喜歡做這些事，你再給一些補助，提升活動的品質，他們會很高興。這些事若中央自己去做，不但花的錢更多，成果也不會不同。所以一個好的政府應該先了解民間在做什麼，有什麼困難要替他們解決的，在徹底了解民間文化工作的實況以後，才能知道大眾要接受的文化是什麼。若要提升文化國力，藝術文化應該是政府去鼓勵，並拿錢出來做才合理。

接下來，文化活動要能夠雅俗共賞、真正發展多元的文化特色，文化事務一定要鬆綁，把文化交給地方政府來負責。比如說，宜蘭就有在地的歌仔戲，它是由地方的草根戲曲發展起來，後來慢慢演變成傳統的民間文化；台南的鹽水蜂炮，也是一百多年前台灣人為了驅除瘟疫，自己發展出來的東西；原住民也有很豐富的豐年祭，其中有圖騰、有儀式，還有舞蹈跟唱歌，真正有特色。

像這些事情，地方最清楚。所以，文化工作應該盡量由地方政府和民間來作主推動，不應該由中央控制。這才是尊重文化的多元發展，真正鼓勵民間參與。

第四步，要做好這些文化工作，我認為政府對文化的定義一定要擴大解釋。現在民間對於文化的認知和政府不一樣，就在於對人民而言，文化是結合了休閒、教育、宗教而形成的複合體。地方的文化活動是非常多元的，也因為如此，它總能夠吸引大眾的參與。

多年來，我一直在推廣一個理想：文化不應該只服務少數人的審美觀，它應該是為了大眾而存在才對。這也是符合民間現況的，民眾能夠懂、能夠了解，文化才是活的。

我再舉一個例子。辦音樂會最怕的，就是聽眾少，但是我們奇美基金會在全國巡迴舉辦「聽得懂的古典音樂會」，文化中心有上千個座位，卻場場爆滿。我們也沒有特別去宣傳啊，為什麼會爆滿？因為我們排的曲目都很親切，都是大家耳熟能詳、能跟著唱的名曲，所以台上台下大合唱，聽過的人就會想再來。

現在還有一個問題是，政府想做的事情請民間做，但是，民間的力量要怎麼動出來？其實，也很簡單。你也要懂得獎勵。補助之外也印一些獎狀鼓勵他，最好就是有一些印章，用壓的印在獎狀上。獎狀成本很便宜，政府很喜歡蓋印章，印章就要蓋在這種地方。一百塊的成本，可以勾到一兩億的錢出來！下次再請他來坐個大位就可以了，很划得來，他也很高興。

對於有錢的人，你要懂得他們的心理。人到了一定歲數，都會去想到底這些錢要怎麼花？所以政府就要想辦法把錢「勾」出來，他們會很高興。你看馬來西亞，他們叫做「拿督」，拿督其實就是要「拿」民間這些富豪的錢，有什麼活動就請他們來坐大位，給他們鼓鼓掌，電視播出來給他們頒個獎。獎狀一紙不過三塊錢，但是大家都很高興。

現在是民間有很多錢，所以說到文化問題，就要先研究怎樣把民間的力量動出來。

89 同樣是一張紙，圖畫比股票更值錢

我先天的好運，就是不會念書。從小，我不曾想要做什麼高階職位的工作，只想做一個快樂的工人。少年時代，我的理想就是身上穿一條工作褲，口袋放一本詩集。我的學歷只有高中，十七、八歲出社會後我自己看一些書，得到的也很多，所以我沒有先入為主的觀念，看事情也比較正確。

我認為，文化、文藝這些東西對人的生活是很重要的，包括繪畫、音樂、小說等等。日本人有個辭叫做「專業傻瓜」，形容一個專家從小到大只會讀書考試，甚至碩士班、博士班都很順利、很優秀，但是在讀死書以外，卻是個樣樣都傻的人。雖然是博士，是個專家，卻什麼都

傻，倒過來講，就是「專業傻瓜」，對傻這件事很專門就對了。這個字不是在取笑傻子，是在取笑專家，因為他受教育的過程都是在試管內完成，不知道外在世界實際的情形是如何。

我對自己孩子的教育，就是採取放任主義，我只要求他們一件事：多讀課外書。世界名著如莎士比亞的書，一定要讀；聖經、宗教學的事物要了解，音樂要欣賞。這些都是人文的修養，比你的功課更重要。

所以我常講一句話：「同樣是一張紙，圖畫比股票更值錢！」既然錢是原料，就要使用以後才會變成品，有些人是不斷囤積原料，我是把這些原料做成畫跟小提琴。

你看，林布蘭五百年後還是林布蘭，雷諾瓦這些畫現在還是那麼美，可是五百年後，奇美很可能就不存在了。所有的企業沒有永遠存在這回事，到了一個時機，如果出現一個人做得不對、出了事情，也是要讓它新陳代謝。我不認為一個企業一定永遠要怎樣，只有藝術與文化才是永遠的。所以會永遠存在的，就是我的博物館和醫院。這兩個存在就好了，剩下的都沒關係。

所以我有一個奇美基金會，我的錢都會捐給基金會，這些錢可以用來買畫、買藝術品，讓歐吉桑、歐巴桑看了會很高興。

王永慶董事長生前有一次跟三娘來奇美，來到三樓，看到走廊那邊掛了很多畫。三娘以為已經到了博物館，就叫王永慶一起看，說「畫得連腳筋都畫出來了」。那是寫實主義的畫，一般人看了都會很感動。我說：「等一下，還有很多，好戲是在後頭。」他們沒想到，可以在台灣看到這麼多看得懂的畫。王董事長是從來不跑美術館的。

有好的興趣和會賺錢的能力，實在是人生最美的。全世界董事長沒有一個像我，我沒有辦公室，二、三十年來都是如此。因為有了辦公室，員工會來找我，他們坐下來以後，我也不好趕他們走。人家來找我是好意，但是這樣變成時間不能控制，我乾脆取消辦公室，有事我來找你們就好了。後來是有些重要的國外客戶來，需要接待，家裡又小，因此若有需要，就利用基金會的辦公室。

但所有我需要的，我家裡客廳都有，人家就常對我說：「你家裡那麼小，怎麼不換個大一點的房子住？」但是你們看這些油畫啦、素描啦，或是雕塑，都很美，客廳後面還有豎琴、吉他、曼陀林跟小提琴。

我所需要的，都已經足夠。

許文龍先生畫作〈山嶺〉。（奇美提供）

早安財經講堂80

零與無限大

許文龍360度人生哲學

許文龍口述｜林佳龍編著｜攝影：楊雅棠｜美術設計：楊啟巽工作室｜責任編輯：林皎宏｜行銷企畫：楊佩珍、游荏涵｜發行人：沈雲驄｜發行人特助：戴志靜、黃靜怡｜出版發行：早安財經文化有限公司｜電話：(02) 2368-6840 傳真：(02) 2368-7115｜早安財經網站：goodmorningpress.com｜早安財經粉絲專頁：www.facebook.com/gmpress｜沈雲驄說財經podcast：linktr.ee/goodmoneytalk｜郵撥帳號：19708033 戶名：早安財經文化有限公司｜讀者服務專線：(02) 2368-6840 服務時間：週一至週五10:00-18:00｜24小時傳真服務：(02) 2368-7115｜
讀者服務信箱：service@morningnet.com.tw｜總經銷：大和書報圖書股份有限公司｜電話：(02) 8990-2588｜製版印刷：中原造像股份有限公司｜初版：2011年1月｜修訂版：2018年6月｜修訂版十二刷：2024年4月｜定價：450元｜ISBN：978-986-6613-97-5（平裝）｜

國家圖書館出版品預行編目(CIP)資料
零與無限大：許文龍360度人生哲學 / 許文龍口述；林佳龍編著. -- 修訂一版. -- 臺北市：早安財經文化, 2018.06 面； 公分. -- (早安財經講堂；80)ISBN 978-986-6613-97-5(平裝)1.許文龍 2.企業家 3.學術思想 490.9933 107007194

Zero
&
Infinity

Zero
&
Infinity

Zero
&
Infinity